LES

BALLONS-SONDES

DE

MM. HERMITE ET BESANÇON.

DERNIERS OUVRAGES DU MÊME AUTEUR.

Les Navires célèbres. 2e édition. Un volume in-8, illustré de 58 gravures. Prix... .... **3** fr.

Le Siége de Paris vu à vol d'oiseau. 2e édition. Un volume in-12. Prix.................................. **3** fr.

Manuel pratique de l'Aéronaute. Un volume in-16, avec 70 gravures. Prix........................ .... **5** fr.

LE MARQUIS DE SALISBURY, premier ministre d'Angleterre. — **Les limites actuelles de notre Science.** Discours présidentiel prononcé le 8 août 1894, devant la *British Association*, dans sa session d'Oxford, traduit par M. W. DE FONVIELLE, avec l'autorisation de l'Auteur. In-18. Prix.................................... **1 fr. 50 c.**

Sous presse, pour paraître très prochainement :

Le Monde invisible. Étude pittoresque et philosophique sur les découvertes faites avec le secours de la Micrographie.

ACTUALITÉS SCIENTIFIQUES.

W. DE FONVIELLE,

SECRÉTAIRE DE LA COMMISSION INTERNATIONALE D'AÉRONAUTIQUE.

LES BALLONS-SONDES

DE MM. HERMITE ET BESANÇON ET LES ASCENSIONS INTERNATIONALES,

PRÉCÉDÉ D'UNE INTRODUCTION PAR

M. BOUQUET DE LA GRYE,

Membre de l'Institut,
Président de la Commission scientifique d'Aérostation
de Paris.

PARIS,

GAUTHIER-VILLARS ET FILS, IMPRIMEURS-LIBRAIRES
DU BUREAU DES LONGITUDES, DE L'ÉCOLE POLYTECHNIQUE,
Quai des Grands-Augustins, 55.

1898

ACTUALITÉS SCIENTIFIQUES.

W. DE FONVIELLE,

SECRÉTAIRE DE LA COMMISSION INTERNATIONALE D'AÉRONAUTIQUE.

LES BALLONS-SONDES

DE MM. HERMITE ET BESANÇON ET LES ASCENSIONS INTERNATIONALES,

PRÉCÉDÉ D'UNE INTRODUCTION PAR

M. BOUQUET DE LA GRYE,

Membre de l'Institut,
Président de la Commission scientifique d'Aérostation de Paris.

PARIS,
GAUTHIER-VILLARS ET FILS, IMPRIMEURS-LIBRAIRES
DU BUREAU DES LONGITUDES, DE L'ÉCOLE POLYTECHNIQUE,
Quai des Grands-Augustins, 55.

1898

INTRODUCTION.

Lorsque Montgolfier eut lancé son premier ballon dans les airs, l'imagination des savants comme celle du peuple se donna une libre carrière, et dans l'enthousiasme de ce que l'on appelait la conquête d'un nouvel élément, on fut persuadé que les arts de la paix ainsi que ceux de la guerre en retireraient de grands avantages. En utilisant la direction des vents régnants, ne pourrait-on se transporter avec une vitesse dépassant de beaucoup celle d'un cheval au galop; n'était-il pas possible de faire pleuvoir sur une armée ennemie des projectiles explosifs en se tenant à une hauteur que les balles ne pourraient atteindre?

Ces rêves, malgré les perfectionnements apportés aux aérostats, n'ont été que bien peu réalisés. On a lancé depuis un siècle des milliers de montgolfières et aussi des milliers d'aérostats gonflés au gaz et, en dehors des communications avec l'extérieur faites par des assiégés, ni la guerre ni le commerce n'en ont tiré tous les avantages que l'on espérait.

La Science seule en a profité et l'on ne doit oublier ni les résultats obtenus lors de l'ascension de Biot et de Gay-Lussac, ni les expériences plus récentes, toujours périlleuses et parfois mortelles, que des savants ont tentées pour élucider les questions les plus délicates de la Physique générale.

Malheureusement, il était une limite de hauteur que l'homme ne pouvait dépasser; au fur et à mesure qu'il s'élève dans l'air, la pression diminuant, le poids de l'oxygène contenu dans un même volume diminue également. Si la pression atmosphérique devient la moitié de ce qu'elle est à la surface des mers (ce qui arrive à une altitude d'environ 5500^{m}), le jeu des poumons doit être deux fois plus rapide pour donner au sang l'oxygénation nécessaire au travail musculaire qu'accompagnent souvent alors la fièvre, une grande prostration et parfois des vomissements.

Au delà de cette hauteur, les souffrances augmentent, si bien qu'on admet qu'il est bien difficile à l'homme en ballon de dépasser de beaucoup le sommet des plus hautes montagnes sans un danger réel.

Certes, à ces altitudes, on peut fournir à la Science des résultats intéressants, mais en somme il reste encore au-dessus des aéronautes une colonne d'air dilaté de plusieurs dizaines de kilomètres, et ce que l'on sait des courants qui l'animent, de sa transparence, de sa composition et de sa température n'est que deviné.

MM. Hermite et Besançon ont essayé d'éclaircir ces derniers mystères, et, puisqu'aucun être humain ne peut aborder ces couches supérieures, ils ont pensé qu'on pouvait les faire étudier par des instruments se mouvant automatiquement et portés par des ballons spéciaux d'une grande légèreté.

Ils ont résolu ce problème très compliqué en créant tout d'abord ce qu'ils ont appelé des *ballons-sondes*, puis, sur le conseil de savants qu'un Comité avait groupés et avec l'assistance de quelques personnes habituées de longue date à encourager la Science, des appareils spéciaux ont été construits et des ascensions les ont portés jusqu'à 16000^{m}.

La réussite a donc été complète et elle a suscité à l'étranger une émulation dont la Science va grandement profiter.

C'est un très grand honneur pour MM. Hermite et Besançon d'avoir mené à bonne fin ces tentatives et aussi un honneur pour notre pays; c'est donc à juste titre qu'on a placé sur le mur de l'usine à gaz de la Villette une plaque de marbre portant la date de la première ascension d'un ballon-sonde.

M. W. de Fonvielle a pensé qu'il était utile de raconter en détail les essais successifs auxquels se sont livrés MM. Hermite et Besançon, de montrer les difficultés qu'ils ont surmontées, les résultats obtenus en France et à l'étranger ainsi que ceux que de nouvelles explorations permettent d'espérer.

Cet exposé fait par un écrivain de mérite

qui est du métier, puisque son nom a été associé aux ascensions les plus périlleuses, montre qu'en France l'initiative sait résoudre de grands problèmes scientifiques et aussi qu'elle trouve des encouragements en dehors du gouvernement.

A. Bouquet de la Grye,
de l'Institut.

10 juin 1897.

LES

BALLONS-SONDES

DE

MM. HERMITE ET BESANÇON.

I.

EN FRANCE.

Dans les premiers temps de la Navigation aérienne, on désignait sous le nom de *ballons libres* et plus volontiers de *ballons perdus* les globes qu'on lançait dans l'espace, mais dont les dimensions n'étaient point suffisantes pour être montés par un aéronaute. La même expression s'appliquait aux petites montgolfières.

Combien on était loin de deviner qu'un jour viendrait où ces appareils, auxquels on appliquait une dénomination si dédaigneuse, seraient employés à étudier les hautes régions atmosphériques, qu'ils donneraient alors à toutes les branches de l'Aérostation scientifique un développement qu'elle n'avait jamais pu atteindre. Cependant, jusqu'à l'époque où des ballons-sondes ont été lancés pour la première fois par MM. Hermite et Besançon, cent dix ans après l'expérience d'Annonay, les ascensions scientifiques n'avaient été entreprises que par des physiciens isolés ; les nations civilisées n'avaient point compris encore que toutes étaient également intéressées à étudier ce qui se passe dans les plages lointaines de l'océan aérien au fond duquel elles vivent ; elles ignoraient que l'empire de l'air leur offre un champ illimité d'études dans lesquelles chacune fait briller son génie particulier sans blesser les autres. Nulle n'avait deviné que, dans ces régions si longtemps considérées comme inaccessibles, leurs rivalités pouvaient créer une émulation salutaire, au lieu de les conduire à se ruiner en préparatifs insensés de guerres sauvages, et à inonder de sang un lambeau de territoire !

Inévitablement c'est par de petits globes, abandonnés à eux-mêmes, que débuta l'aérostation, tant à Annonay qu'à Paris et à Versailles. Le ballon perdu lancé du Champ de Mars de Paris en 1783 fut observé par les plus célèbres astronomes du temps qui s'étaient postés sur les principaux monuments de Paris avec des altazimuts pour procéder par des visées simultanées à la détermination géométrique de la trajectoire. La montgolfière perdue de Versailles ouvrit les airs à l'*audax Japeti genus;* elle démontra qu'on ne rencontrait pas dans les nuages quelque principe inconnu éteignant le feu de la vie chez les bipèdes aventureux qui se hasarderaient à les traverser, elle constata que les voyageurs pourraient revenir sur le sol sans être brisés par le choc de l'atterrissage.

Dans toutes les principales villes on lança des ballons ou des montgolfières perdues, et les ouvrages du temps renferment des récits minutieux de ces humbles expériences. On ne s'en contentait qu'à cause du prix élevé des ascensions montées, qui offraient un attrait beaucoup plus vif parce que la foule admirait l'intrépide aéronaute, qu'elle couvrait alors d'or afin de récompenser sa vaillance. Mais ces expériences économiques furent les premières à souffrir du discrédit dont furent frappées les fastueuses et monotones représentations que donnèrent bientôt infructueusement les praticiens les plus célèbres devant une foule fatiguée de la répétition indéfinie de la même pièce.

Lorsque l'encyclopédiste Desmaret rédigea le rapport de la Commission académique de 1784, il ne se laissa nullement entraîner par le désir qui a fait tourner tant de têtes, de diriger les ballons contre le vent, mais il déclara nettement que le but principal de l'aérostation était l'étude des propriétés de l'air. Vingt ans s'écoulèrent avant que l'on comprît la portée de ce sage conseil. Mais ni Robertson, ni Biot, ni Gay-Lussac n'eurent l'idée d'employer les ballons perdus pour compléter les renseignements qu'ils allaient recueillir, si loin de la Terre. Il en fut de même en 1848, lors des voyages de Barral et de Bixio, et dix ans plus tard, lorsque l'Association Britannique organisa les ascensions de John Welsh suivies bientôt de l'admirable série des trente voyages de M. James Glaisher; ni M. Flammarion ni M. Tissandier ne songèrent à faire accompagner l'*Impérial* ou le *Zénith* par ces modestes auxiliaires.

La plupart des ballons perdus dont on s'est servi jusque dans ces derniers temps étaient lancés par les aéronautes forains avant les ballons qu'ils allaient monter; leur but n'était que de se rendre compte de l'état des couches atmosphériques qu'ils allaient traverser, et de déterminer, par suite, la force ascensionnelle dont ils avaient besoin pour ne point accrocher les toits. Quelques-uns de ces globes étaient remplis d'un mélange détonant et faisaient explosion après un temps plus ou moins long, suivant la longueur de la mèche d'artifice dont ils étaient pourvus. Eugène Godard agrémentait ainsi quelques-unes de ses expériences publiques et expédiait les pilotes explosifs avec beaucoup de talent.

Le bruit que l'on produisait de la sorte était

uniquement destiné à attirer les curieux dans l'enceinte payante, dont le pourtour était soigneusement entouré de toiles de haute envergure.

A deux reprises différentes on tenta d'utiliser les ballons perdus à la guerre, mais ces essais ne produisirent aucun résultat, en partie à cause de l'inexpérience des officiers qui y procédaient, en partie aussi parce que l'on ne s'était point suffisamment rendu compte de la nature des services que ces genres d'aérostats étaient appelés à rendre.

Il paraît que les Autrichiens voulurent les employer en 1848 au siège de Venise. Mais, si l'on en croit la tradition, les aérostats chargés de projectiles rencontrèrent à une certaine altitude dans l'atmosphère un *contre-courant* venant du large, qui les ramena vers la côte, de sorte que les bombes éclatèrent sur l'armée qui les avait lancées.

Sans examiner ce qu'il y a de fondé dans cette légende, on peut dire que l'emploi des ballons pour réduire une place qui n'est pas complètement investie est à peu près illusoire si l'assiégeant ne se trouve pas au sud ou au sud-ouest de la ville qu'il veut couvrir de mitraille. Il en est autrement lorsque l'armée d'investissement est parvenue à isoler complètement les assiégés, comme les Allemands l'avaient fait des Parisiens en 1870. Alors ce mode de bombardement peut

1.

réussir presque infailliblement toutes les fois que le vent possède une certaine constance. En effet, l'assiégeant est à même de se placer dans un azimut favorable au transport des projectiles le long de la ligne visée. S'il a à sa disposition, comme l'avaient les Allemands, des usines à gaz dans tous les points du compas et un chemin de fer circulaire pour transporter rapidement son matériel, il peut organiser sans grande peine et sans grands frais un tir fort dangereux. Il n'a d'autre problème à résoudre que de régler la durée des mèches qu'il emploie. Il est malheureusement incontestable que dans les sièges de l'avenir ce nouveau genre de machines infernales ne sera point dédaigné par les artilleurs, qui acquerront bien vite l'expérience d'un aéronaute.

En 1870, les ballons non montés ont été employés par la garnison de Metz pour le transport de dépêches. Le premier expédié ne fournit pas une course d'une longueur suffisante, et fut capturé par l'ennemi avec les lettres et un pigeon renfermé dans une cage qui tenait lieu de nacelle. Le second fut ramassé heureusement par des paysans, aux environs de Neufchâteau, et les dépêches qu'il portait furent remises au sous-préfet, qui en télégraphia le résumé à Paris. Ces nouvelles, arrivant la veille de l'investissement, produisirent un effet magique ; il était évident dès lors que le Gouvernement de la Défense nationale ne tarderait pas à employer la voie des airs pour maintenir les communications entre la capitale et les armées de secours.

Si la garnison de Metz ne continua pas à employer un procédé qui avait si bien réussi, c'est uniquement parce que le maréchal Bazaine en interdit l'usage dans un but que chacun devine.

M. Rampont, directeur des postes, fit quelques essais de ce genre dans les premiers jours de l'investissement. Je lui proposai un système de distribution automatique de dépêches, qui devaient être détachées successivement d'un cercle par la combustion d'une mèche. Le cercle devait être placé à une distance assez grande de l'appendice, pour que le gaz chassé par la dilatation ne fût point enflammé; mais ce dispositif ne fut pas essayé. On se borna à lancer quelques ballons de papier avec des proclamations et des journaux. Bientôt l'emploi des ballons montés par de braves gens, dont l'ignorance de l'aérostation augmentait le mérite, fit renoncer à l'usage de ce mode de transport aérien qui aurait rendu de grands services. Mais nous renverrons sur ce point à notre Ouvrage *le Siège de Paris vu à vol d'oiseau.*

La Commune essaya, paraît-il, de lancer ainsi ses proclamations; l'aéronaute Duruof fut chargé de diriger ce service. Mais comme il était employé malgré lui par l'insurrection, il ne fit pas le nécessaire pour que l'opération, qui était fort simple, pût réussir. La province n'admira point la prose enflammée des énergumènes qui avaient mis en réquisition son talent d'aéronaute.

Lorsque j'allai à Versailles, au même moment, je proposai à M. Picard, directeur des finances, de faire parvenir à Paris des dépêches, des proclamations et des nouvelles.

Mais le Ministre refusa mes offres, alléguant que, si l'on employait un pareil procédé, l'Europe croirait que le Gouvernement n'en avait pas d'autres à sa disposition pour tenir la population de Paris au courant des événements qui se passaient au dehors.

Depuis cette époque plusieurs aéronautes parisiens, M. Cassé et M. Brissonet, ont lancé un grand nombre de petits ballons, dont plusieurs ont été retrouvés à de grandes distances et ont donné des renseignements météorologiques curieux.

Mais, pour être réellement utiles à la Science, les ballons perdus doivent être porteurs d'instruments permettant de connaître au moins approximativement les altitudes obtenues et les températures rencontrées. Il était naturel que cette idée, dont on ne pouvait se préoccuper avant la construction des appareils livrés aux aéronautes par M. Richard, ancien maire du XIXe arrondissement, surgît dès que le progrès des instruments enregistreurs permit de placer quelque confiance dans leurs indications. Aussi en fut-il question, il y a près de vingt ans, dans les séances de la Société Française de Navigation aérienne. Mais deux obstacles très sérieux s'opposaient à ce que des expériences fussent entreprises.

La première était le prix assez considérable des instruments enregistreurs, et la seconde l'idée exagérée que l'on se formait des risques encourus par des appareils abandonnés aux hasards d'un voyage aérien entrepris sans aéronaute.

Les expérimentateurs ne se rendaient pas suffisamment compte de la différence qui existe entre les chances de perte d'un petit ballon de caoutchouc, plus ou moins semblable à ceux que les grands magasins du Louvre distribuaient en primes, et des aérostats en papier ou en étoffe ayant quelques mètres de diamètre. Ils ne comptaient pas non plus sur l'intérêt croissant qui s'attache à ce genre d'expériences dont les populations rurales comprennent très bien l'importance ; car il y a longtemps qu'elles ont deviné les rapports qui lient les progrès de l'Aérostation scientifique avec ceux de la prévision du temps, art qui les passionne à juste titre, et dont le développement exercerait certainement une prodigieuse influence sur l'ensemble des opérations agricoles.

Les premiers aéronautes qui avaient eu la hardiesse et l'intelligence de s'attacher à ce genre d'expériences sont MM. Hermite et Besançon. Le premier est le neveu du célèbre mathématicien de ce nom, un des membres les plus influents de l'Académie des Sciences. Le second est l'auteur d'une idée longtemps considérée comme une folie, mais tentée sérieusement cette année pour la seconde fois par trois hommes du plus grand courage et du plus haut mérite.

En 1891, MM. Hermite et Besançon s'étaient associés pour élaborer le plan d'une expédition polaire qui devait être exécutée au Spitzberg comme celle de M. Andrée. Désespérant de recueillir les fonds nécessaires pour une entreprise de cette nature, les deux collaborateurs se sont occupés du lancement de ballons perdus auxquels ils ont donné le nom désormais populaire de *ballons-sondes*.

Dès le mois de mars 1892, ils lancèrent presque tous les jours, du balcon de l'appartement qu'ils occupaient boulevard de Sébastopol, en face du square des Arts et Métiers, plusieurs petits globes munis d'une carte questionnaire portant leur adresse. Ces ballons étaient même souvent pourvus de distributeurs automatiques destinés à semer les cartes sur leur route. Les résultats obtenus furent considérés comme très satisfaisants, car la moitié environ de ces sphères dont le cube ne dépassait pas 1^{m}, furent retrouvées dans un cercle de 150^{km} de rayon, et renvoyées à leurs propriétaires leur rapportant des réponses quelquefois fort instructives.

Encouragés par ces essais, les deux associés commencèrent des expériences plus importantes à l'usine à gaz de Noisy-le-Sec avec un ballon de 113^{mc} construit avec du papier à journal enduit de pétrole. Le débit du gaz étant trop lent, il survint, dans cette fragile enveloppe, une déchirure par laquelle l'hydrogène carboné disparut en un instant.

Une seconde tentative fut faite le 8 septembre 1892 à l'usine de la Villette avec un ballon de 26^{mc}, construit avec du papier qui ne pesait que 20^{gr} par mètre carré. Le ballon fut de nouveau ouvert au moment de quitter terre.

On retourna encore à l'usine de Noisy avec un ballon de 26^{mc} qui emporta le thermomètre à *maxima* et à *minima* renfermé dans une boîte, comme l'indiquent les *fig*. 1 et 2 ci-après. Cet enregistreur thermométrique était surmonté d'un autre imaginé par M. Hermite pour indiquer les variations de la pression barométrique.

Ce dernier se compose d'une boîte de Vidie portant une lame de verre enduite de noir de fumée; un style d'acier fixe repose sur la lame de verre (*fig.* 2). Par suite du gonflement de la boîte le style laisse un trait rectiligne indiquant l'altitude atteinte. Pour déterminer le nombre de mètres d'élévation répondant à la longueur de cette trace, il suffit de mettre l'appareil sous la cloche pneu-

Fig. 1.

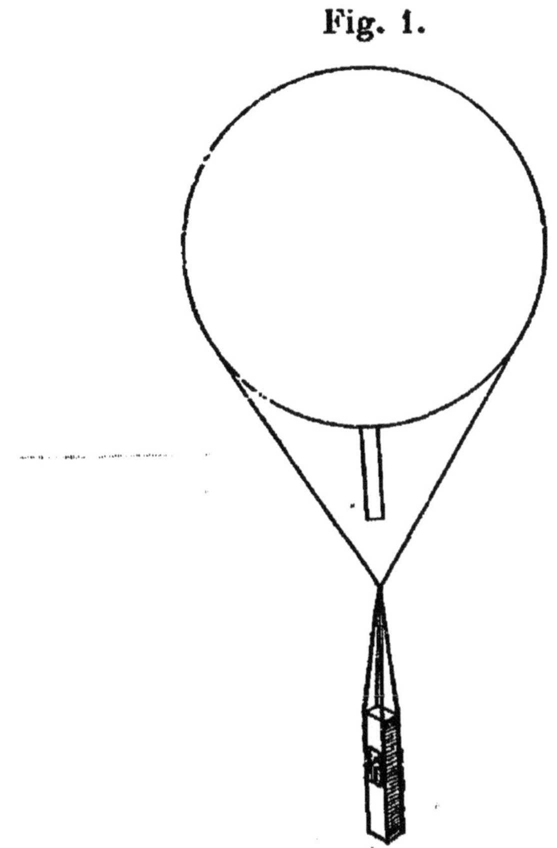

Ballon-sonde en papier pétrolé emportant le premier enregistreur.

matique, de faire le vide jusqu'à ce que le style revienne à son point d'affleurement, et de mesurer avec un manomètre à mercure la pression de l'air restant dans l'enceinte.

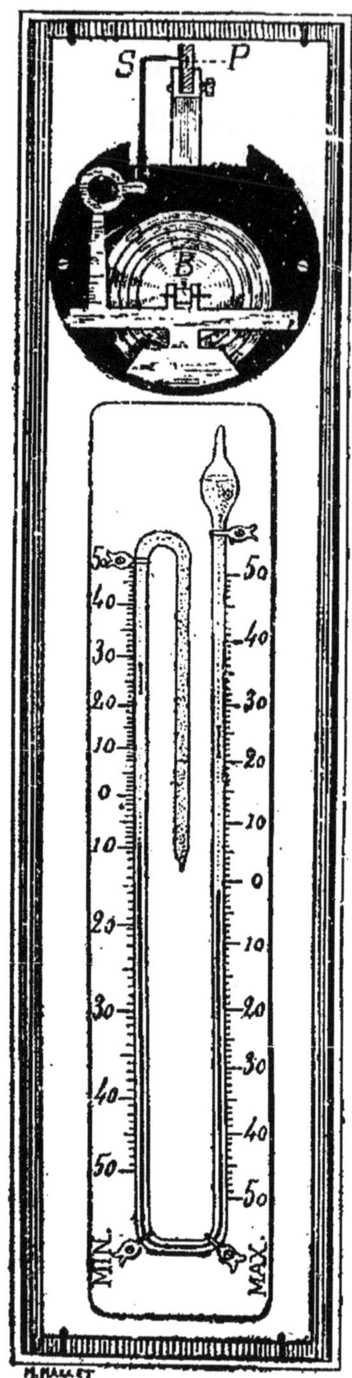

Fig. 2. — Enregistreur primitif.

B, boite de Vidie. — S, pointe traçante. — P, plaque de verre enfumé fixée par une vis.

Le ballon s'enleva très bien, mais il survint une pluie abondante qui le rabattit. Heureusement l'instrument fut retrouvé intact; il avait supporté sans inconvénient le choc contre le sol.

Le 4 octobre eut lieu une nouvelle expérience avec un petit ballon de 5^{mc}, qui monta rapidement cette fois et disparut dans le Nord-Est, mais dont on n'entendit plus jamais parler.

Le 11 du même mois, on gonflait un petit ballon de baudruche de 90^{cm} de diamètre seulement. Il emportait un nouvel enregistreur pesant 150^{gr}. Le surlendemain, MM. Hermite et Besançon recevaient la nouvelle de leur première réussite. Le ballon-sonde avait été retrouvé à 75^{km} est de Paris, à la ferme des Boblins, dans la commune de Mont-Dauphin. L'expérience sous la cloche pneumatique indiqua qu'il avait atteint une altitude de 1200^{m}.

Ce succès, si difficilement obtenu, enflamma les opérateurs qui, du 11 octobre jusqu'au 28 novembre, n'exécutèrent pas moins de douze expériences dont aucune ne manqua. Notre *fig.* 3 indique les points d'atterrissage de ces divers aérostats. Les résultats de ces curieuses expériences sont résumés dans un Tableau dont nous allons discuter les indications (*voir* p. 16 et 17).

Les altitudes atteintes avec des ballons, les uns en baudruche et les autres en papier pétrolé, et dont le cube variait de 4^{mc} à 5^{mc}, ont été en grandissant progressivement et ont fini par atteindre le 28 novembre le chiffre de 9000^{m}. Les températures minima marquées par le thermométrographe ont été toujours en baissant; elles ont été respective-

Fig. 3.

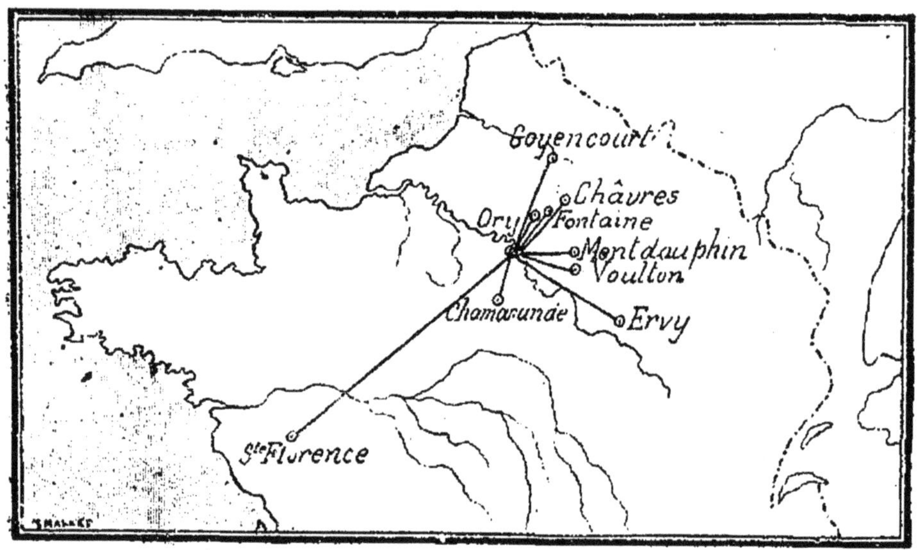

Points d'atterrissage des premiers ballons-sondes en papier pétrolé.

ment de — 10° à 7600^{m}, de — 18° à 8200^{m} et de — 19° à 6600^{m}.

Le 10 décembre on fit une grande expérience avec un ballon en papier du Japon pétrolé, dont on avait vanté la ténacité, mais cet aérostat fut déchiré avant d'avoir atteint une hauteur de plus de 300^{m}. Il emportait un appareil destiné à recueillir les poussières de l'air. C'est la seule fois

Tableau des expériences avec les

	DATE.	NATURE du ballon.	VOLUME.	NATURE ET POIDS des instruments.	FORCE ascensionnelle au départ. Gaz d'éclairage.
1.	4 oct. 1862	Papier verni, sans filet.	5^{mc}	Baromètre et thermomètre à minima, distributeur de cartes.	500^{gr}
2.	11 oct.	Baudruche, sans filet.	371^{lit}	Baromètre, 75^{gr}.	75^{gr}
3.	14 oct.	Baudruche, sans filet.	371^{lit}	Baromètre, 110^{gr}.	15^{gr}
4.	19 oct.	Papier, 20^{gr} par mètre cube, sans filet.	15^{mc}	Baromètre, 120^{gr}, et distributeur de cartes à amadou.	Indéterminée. Ballon peu gonflé.
5.	29 oct.	Papier, sans filet.	5^{mc}	Baromètre, 150^{gr}.	Presque nulle. Ballon peu gonflé.
6.	29 oct.	Papier incomplètement pétrolé, s. filet.	5^{mc}	Baromètre, 150^{gr}.	500^{gr}.
7.	31 oct.	Papier pétrolé, sans filet.	5^{mc}	Baromètre, 150^{gr}.	200^{gr}.
8.	2 nov.	Baudruche, avec filet.	4^{mc}	Baromètre, 120^{gr}.	Gonflé plein.
9.	14 nov.	Baudruche, avec filet.	4^{mc}	Barom. et thermom. à min. avec abri, 260^{gr}.	Gonflé plein.
10.	17 nov.	Baudruche, avec filet.	4^{mc}	Barom. et thermom. à min. avec abri, 260^{gr}.	Gonflé plein.
11.	20 nov.	Papier pétrolé, avec filet.	5^{mc}	Baromètre et thermomètre à minima, sans abri, 200^{gr}.	Gonflé aux deux tiers.
12.	25 nov.	Papier pétrolé et noirci, avec filet.	5^{mc}	Baromètre, 115^{gr}.	Gonflé à moitié.
13.	27 nov.	Papier pétrolé, avec filet.	5^{mc}	Baromètre, 100^{gr}.	Gonflé à moitié.
14.	10 déc.	Papier Japon pétrolé, avec filet.	60^{mc}	Barom. et thermom. à minima. Appareil à poussières, 350^{gr}.	15^{kg}.

ballons explorateurs en papier.

OBSERVATIONS météorologiques au départ.	HEURE du départ.	ALTITUDE maxima.	TEMPÉRATURE maxima.	POINT D'ATTERRISSAGE et remarques.
Temps couvert, vent rapide du S.-O.	11h 20 mat.	»	»	Ballon pas retrouvé. Parti de l'usine à gaz de Noisy-le-Sec.
Temps couvert, vent faible du S.-O.	3h 35 soir.	1200m	»	Mont-Dauphin (S.-et-M.), 75km de Paris.
Temps couvert, vent rapide du S.	1h 40 soir.	»	»	Plaine d'Ory (Oise), 38km de Paris. Instrument détérioré par les paysans.
Temps couvert, pluie après départ, vent du N. *Ascension nocturne*.	5h 50 soir.	3350m	»	Chamarande (Seine-et-Oise), 45km sud de Paris.
Temps couvert, vent faible du S.	*Midi 30.*	»	»	Tombé rue *Paradis*, 15 min. apr. départ.
Temps couvert, vent faible du S.	3h 55 soir.	2000m	»	Fontaine (Oise), 42km de Paris.
Temps brumeux, vent faible du S.	1h 45 soir.	»	»	Ballon non retrouvé.
Temps clair, vent faible du S.	3h 40 soir.	8700m	»	Ervy (Aube), 150km sud-est de Paris.
Temps clair, vent faible du S. 760mm; + 10° C.	1h 30 soir.	7600m	— 10° C.	Châvres (Oise), 60km de Paris.
Temps couvert, avec éclaircies. 760mm; + 14° C. Vent assez rapide du S.	10h 45 mat.	8200m	— 18° C.	Goyencourt (Somme), 110km nord-nord-est de Paris.
Couvert avec éclaircies. 761mm; + 9° C. Vent moyen du S.-E. *Ascens. noct.*	8h 40 soir.	6600m	— 19° C.	Voulton (Seine-et-Marne).
Temps couvert, humide.	3h 25 soir.	»	»	Rue de la Réunion, Paris. Baromètre volé par un gamin.
Couvert. 771mm. Vent d'E. assez rapide.	3h 10 soir.	9000m	»	St-Florence (Vendée), 350km de Paris.
Temps couvert, vent faible du N.-O.	1h 40 soir.	»	»	Ballon déchiré à 300m. Tombé près du canal St-Martin. Instruments intacts.

que cette expérience importante a été, à notre connaissance, tentée jusqu'à ce jour.

Dans l'ascension du 17 novembre, un ballon de baudruche de 2^m de diamètre, qui ne pouvait atteindre que l'altitude de 8040^m d'après les formules réglant l'élévation, s'éleva à 8200^m. Cette circonstance fut attribuée à ce que l'excès de la température du gaz sur celle de l'air va en croissant à mesure que l'aérostat pénètre dans des couches plus éloignées du niveau des mers. Cette manière de voir a été confirmée par des expériences nombreuses et constitue, comme nous l'expliquerons plus tard, un des facteurs importants des ascensions à grande hauteur.

En présence de cet échec, démentant les espérances conçues sur le papier du Japon, MM. Hermite et Besançon se décidèrent à faire construire un ballon de baudruche de 113^{mc} et dont la surface était de 113^{mq}. L'enveloppe pesait 11^{kg}, le filet 1^{kg} et le matériel montant 6^{kg}. On donna à ce ballon le nom d'*Aérophile* (1).

L'*Aérophile I* fut lancé à l'usine aérostatique de Vaugirard le 21 mars 1893 (*fig.* 4). MM. Hermite et Besançon avaient l'intention de le gonfler avec

---

(1) Le rayon est donné par l'équation $\frac{4}{3}\pi r^3 = 4\pi r^2$ d'où $r = 3$.

Fig. 4. — Ascension de l'*Aérophile I* à l'usine de Vaugirard, 21 mars 1893.

du gaz hydrogène, mais les générateurs sur lesquels ils comptaient étaient dans un état si pitoyable qu'il fallut renoncer à cette partie du programme ; depuis lors, toutes les ascensions des aérophiles ont été exécutées avec du gaz d'éclairage.

Nouvellement verni, ce ballon brillait comme une étoile ; on parvint à le suivre à l'œil nu pendant trois quarts d'heure. La courbe tracée à l'aide du barothermographe qu'on avait placé dans la petite nacelle indique qu'il se trouvait en ce moment à une distance de plus de 14000^m, au moins 15000^m des spectateurs. Comme son diamètre était de 6^m, la tangente de la moitié de l'angle sous-tendu par les deux rayons visuels tangents était de $\frac{1}{5000}$ du rayon, ce qui répond à un angle total d'un peu plus de deux minutes de degré. C'était donc uniquement l'immense éclat qui avait permis de l'apercevoir sans le secours d'aucun instrument d'optique.

Le ballon emportait 600 cartes questionnaires pesant 3^{kg},500, que l'on supprima dans les ascensions ultérieures. On avait placé en un endroit apparent de la nacelle un carton sur lequel on avait écrit une instruction pour le recueillir, et la promesse d'une bonne récompense pour la personne qui le récupérerait. On priait de prévenir télégraphiquement de la trouvaille.

Lorsque le ballon-sonde s'élève à plus de 1000^{m}, les questionnaires sont tellement éparpillés par le vent, qu'ils ne fournissent aucune indication utile sur la trajectoire; on les supprima comme ne rendant aucun service. Il n'en est pas de même du paiement de la prime et de la fixation de l'instruction qui furent excessivement utiles. Désormais les instructions sont rédigées en plusieurs langues, en français, en allemand et en russe. Une expérience récente vient de montrer qu'il faut aussi les rédiger en italien.

Afin de diminuer les poids inutiles, on n'avait employé qu'un seul cylindre sur lequel s'enregistraient à la fois les indications du baromètre et du thermomètre. Ce dispositif nouveau, dont l'usage s'est généralisé, offre également l'avantage de dispenser du soin de mettre d'accord les deux horloges des enregistreurs. L'inscription se faisait avec une encre spéciale résistant au froid et imaginée par M. Jules Richard.

Le lendemain matin arrivait un télégramme de l'instituteur de Joigny, dans le département de l'Yonne, apprenant que le ballon-sonde avait été retrouvé à Chamvres. Comme l'appendice était formé par un tube rigide, il s'était rempli d'air à mesure qu'il descendait et s'était par conséquent rapproché de terre avec une grande lenteur. Les habitants s'étaient précipités en foule pour voir de près cette épave singulière qui leur tombait du ciel, et les enfants l'auraient inévitablement déchiré sans l'énergique intervention du maire et de l'instituteur.

La hauteur atteinte avait été de 15000^{m}, et la température avait été constatée de — 51°. L'altitude à laquelle le ballon s'était élevé dépassait encore une fois celle qui résultait de la formule. En supposant que l'excès d'élévation fût exclusivement dû à un accroissement de température du gaz, il fallait que l'excès thermique acquît une valeur qui dépassait toutes les prévisions [1].

Le second lancer de l'*Aérophile* fut exécuté le 27 septembre 1893 à l'usine de la Villette. Les *fig.* 5 et 6, dessinées d'après des photographies prises pendant l'ascension, sont particulièrement intéressantes.

La *fig.* 5 constate la dépression creusée dans la partie supérieure du ballon par la résistance de l'air. La *fig.* 6 montre l'état d'extrême agitation à laquelle l'aérostat est en proie et qui est produit en grande partie par l'imperfection du mode de lancement alors très rudimentaire. La *fig.* 7 représente un procédé mécanique analogue à celui dont

[1] Il est vrai que M. Hermite suppose que la force ascensionnelle du gaz d'éclairage n'était que de 700^{gr}. Elle était probablement plus grande, dans une proportion notable.

Fig. 5. Fig. 6.

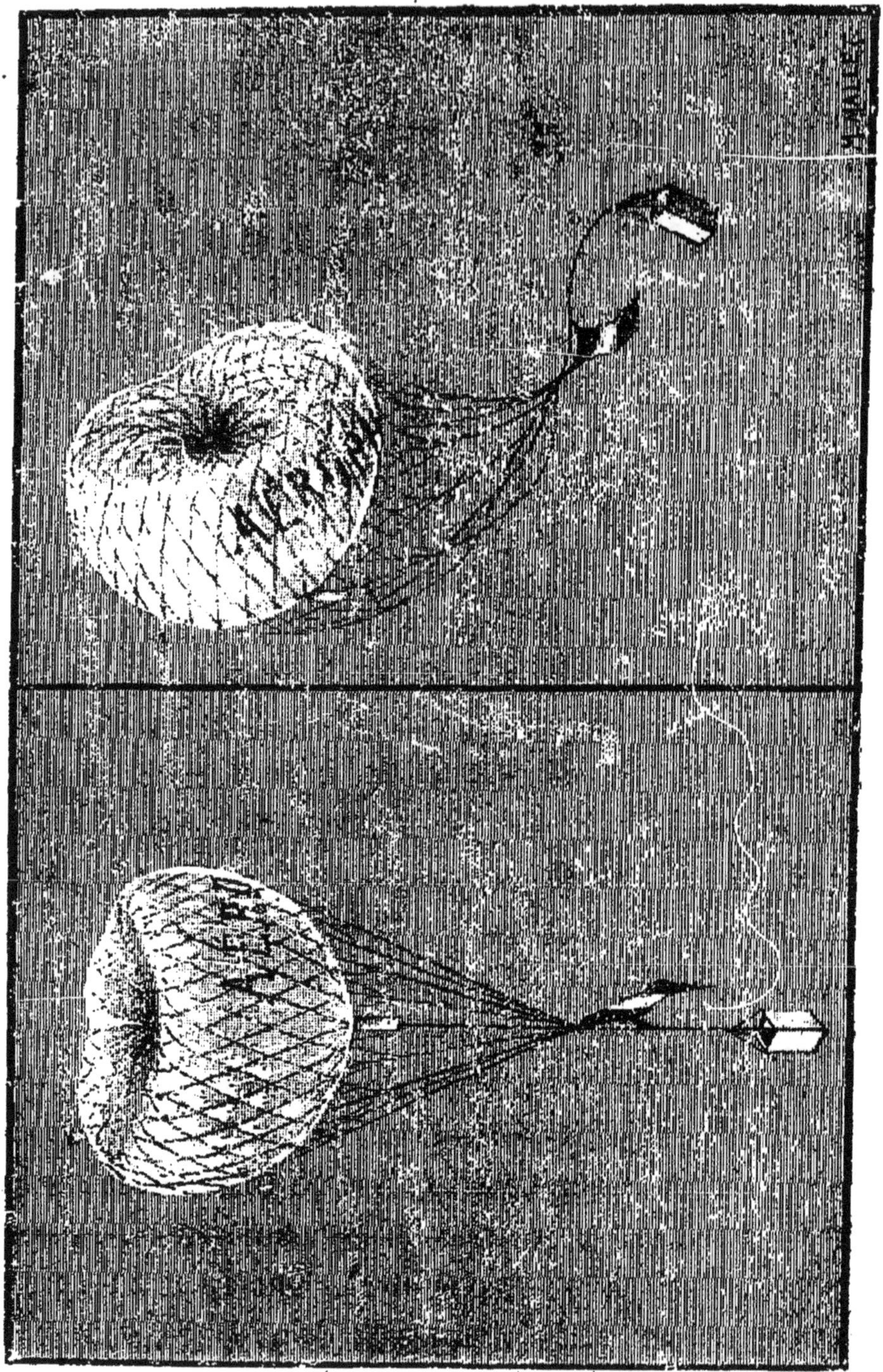

Aspects de l'*Aérophile* pendant l'ascension exécutée à la Villette le 27 septembre 1893.

M. Besançon se sert actuellement. Il est indispensable pour éviter les accidents de toute nature au moment du départ, qui est le moment psychologique de l'expérience.

Les différents organes ont été successivement

Fig. 7.

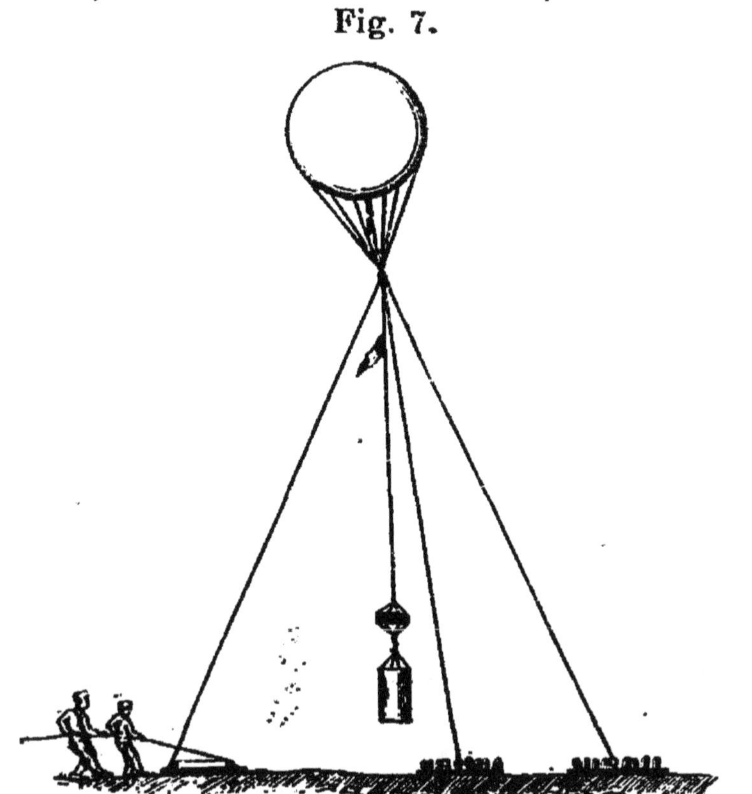

Lancement d'un ballon-sonde tel qu'il est pratiqué à Strasbourg.

perfectionnés, parce que chaque fois MM. Hermite et Besançon ont tiré parti des résultats de l'expérience. Petit à petit ces agrès ont reçu la forme actuelle, très satisfaisante et dont ils ne s'écarteront plus à moins de progrès imprévus.

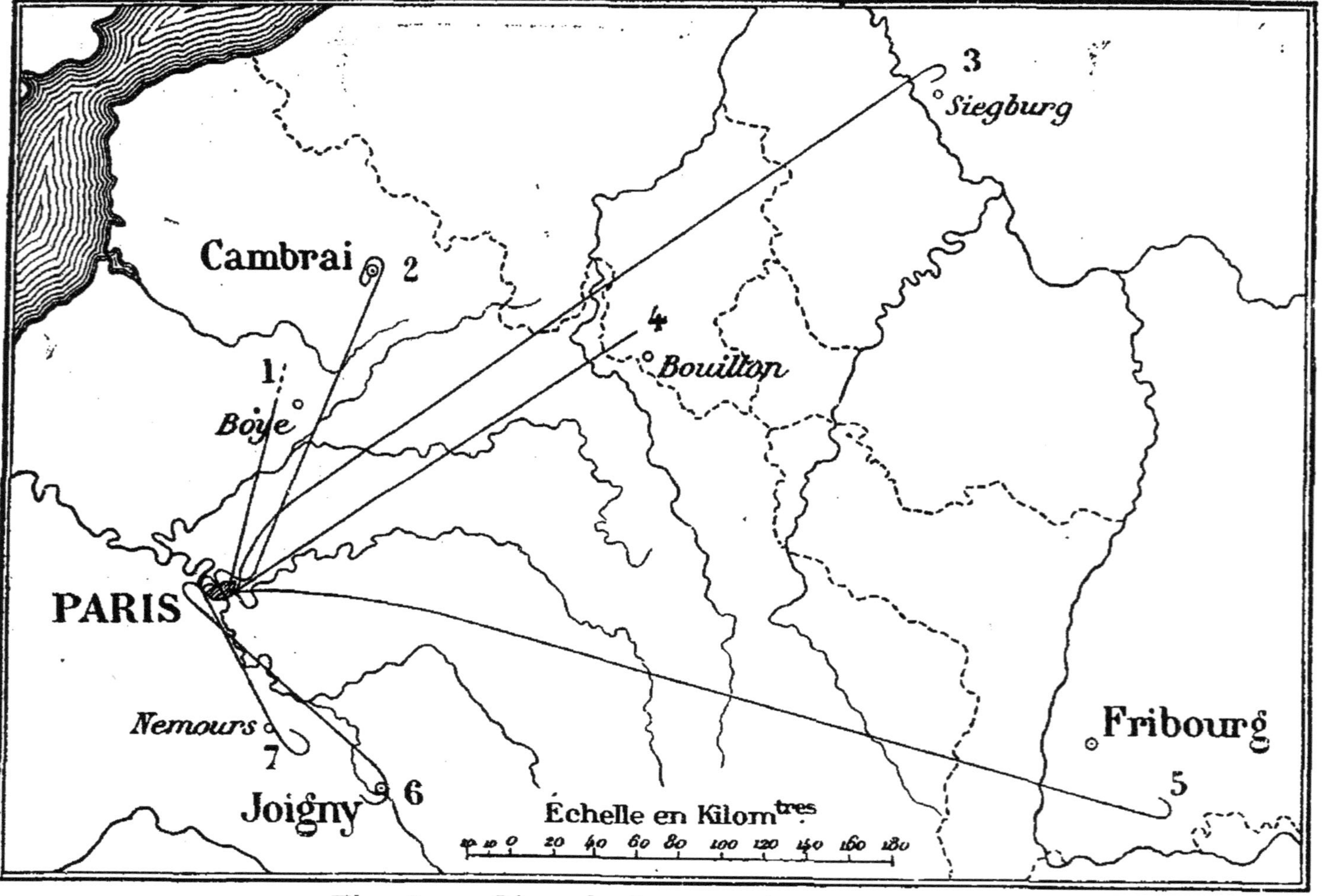

Fig. 8. — Lieux de descente des *Aérophiles*.

Les numéros 1 et 4 sont relatifs aux deux premières ascensions internationales.

Les ascensions exécutées dans cette nouvelle période sont au nombre de sept; nous avons fait dessiner une carte (*fig.* 8) représentant les grandes villes les plus proches des lieux d'atterrissage. Ceux-ci étant généralement de petites communes qu'on ne trouve presque sur aucune carte, ont été supprimés. Les résultats du troisième concours international nous ont été communiqués trop tard pour pouvoir y figurer. Un modèle des diagrammes obtenus dans une expérience complètement réussie, celle du 5 août 1896, a été donné comme spécimen dans la *fig.* 9. Cette ascension est la troisième de la carte.

Toutes ces ascensions, y compris celle du 13 mai 1897, sont réunies dans un Tableau détaillé que nous donnerons plus loin (*voir* p. 88-89).

Ces diverses expériences ont offert des incidents sur lesquels il n'est pas superflu d'appeler rapidement l'attention du lecteur. En effet, elles font certainement partie de l'histoire des progrès de la Navigation aérienne et de la Physique de l'atmosphère.

La deuxième ascension de l'*Aérophile I* devait lui être funeste. Lancé comme d'ordinaire de l'usine à gaz, le ballon a été retrouvé dans la Forêt-Noire. Mais, lorsque M. Hermite est arrivé, suivant son habitude, pour le rapporter à Paris ainsi que les instruments qu'il avait à bord, les gendarmes

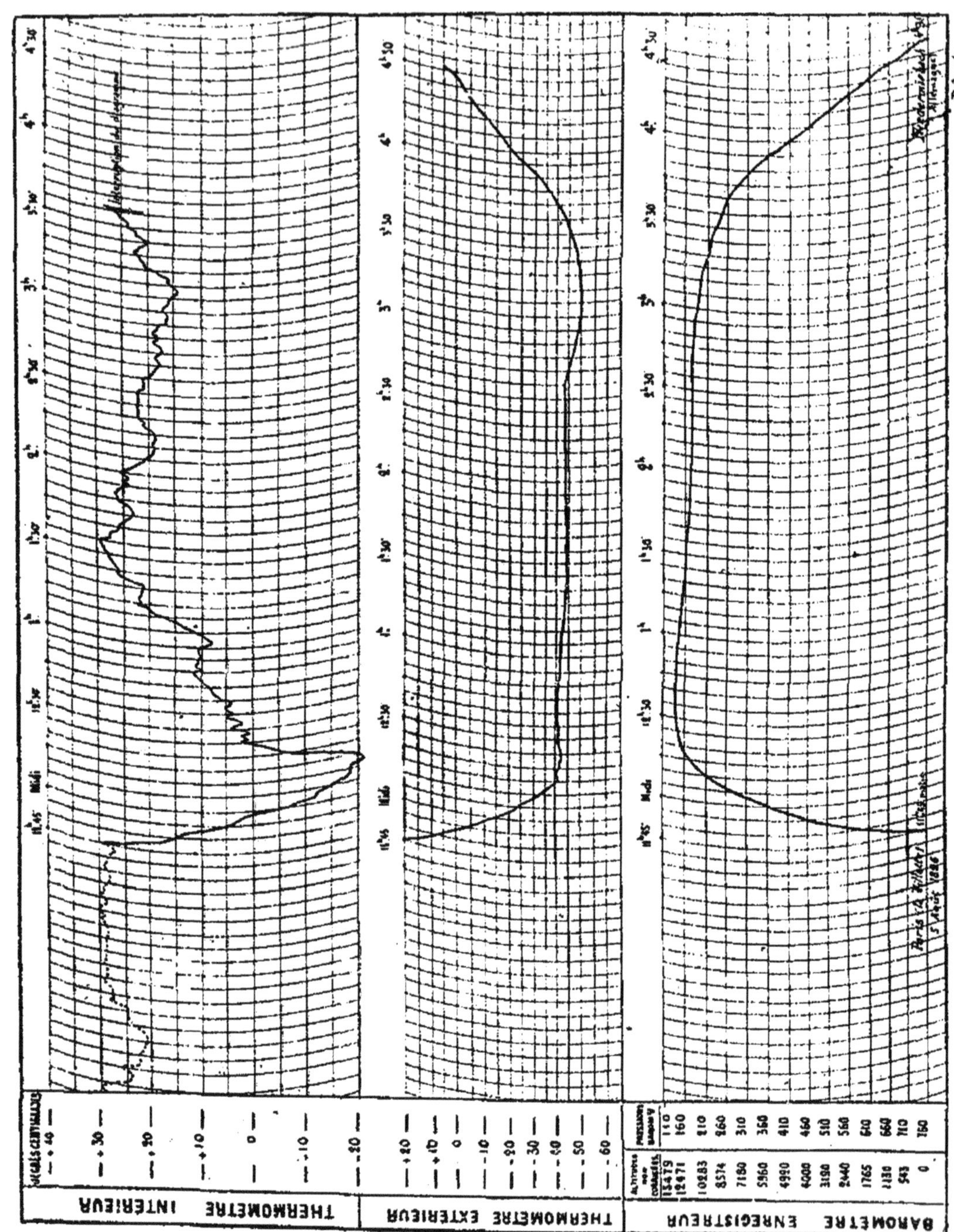

Fig 9. — Diagrammes représentant les résultats obtenus dans une expérience complètement réussie (Ascension du 5 août 1896). N° 3 de la *fig* 8.

et les douaniers allemands lui ont appris qu'il n'existait plus; des enfants en jouant avaient mis le feu au gaz, et il avait été instantanément brûlé.

Ce qui consola de cette mésaventure, c'est que

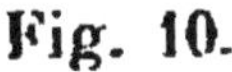

Fig. 10.

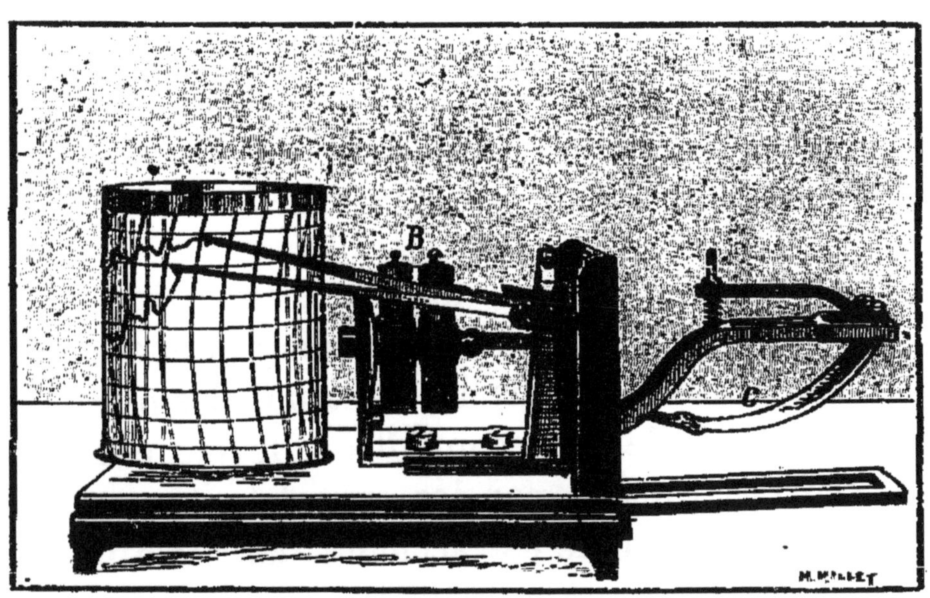

Premier modèle du barothermographe enregistreur.

B, boîtes de Vidie donnant le mouvement à une des deux plumes (celle du fond). — C, réservoir métallique rempli d'alcool dont les dilatations font monter la seconde plume, celle de devant. Le mouvement d'horlogerie est renfermé dans le cylindre.

les instruments étaient en aussi parfait état d'entretien que s'ils sortaient du laboratoire et que les diagrammes étaient parfaitement intacts.

Aussitôt que la nouvelle de la catastrophe fut connue à Paris, M. Besançon fit construire un nouveau ballon semblable au précédent et qui avait de même un volume de 180^{mc}. Il fut lancé le 20 octobre et atterrit à Chaintreaux, après s'être élevé à une altitude de $15\,500^{m}$, où il constata une température de 70° au-dessous de zéro. Les précédentes expériences n'avaient que partiellement réussi, parce que l'encre avait été gelée. On avait donc remplacé la plume par une pointe traçante creusant un sillon sur du noir de fumée déposé simplement à la surface extérieure du papier qui garnit le cylindre et qui, par conséquent, cède au moindre effort mécanique (*fig.* 10).

Dans le traînage qui a terminé l'ascension internationale du 18 février, les diagrammes de l'*Aérophile* ont été si horriblement maculés qu'il a été assez difficile de reconnaître la forme exacte des courbes tracées par les enregistreurs. Afin d'éviter le retour de cet accident, M. Hermite a enveloppé le cylindre mobile d'une enveloppe cylindrique fixe, dans laquelle on a pratiqué une fente, où s'introduisent les styles (*fig.* 11).

C'est le 5 août 1896 que l'on a placé dans l'intérieur de l'aérostat un thermographe à l'aide duquel on a constaté que l'élévation de température nécessaire pour expliquer le surcroît d'altitude observé à Chamvres n'avait rien de paradoxal, car le diagramme recueilli constatait cette fois, d'une façon irrécusable une différence d'une soixan taine de degrés de chaleur, en faveur du gaz intérieur.

L'ascension du 5 août restera célèbre parce que ce fait important y a été établi. Désormais on a le droit de dire que l'aérostat est une véritable machine thermique. Surtout lorsqu'il s'agit d'ascensions exécutées dans la haute atmosphère, il se produit un effet de montgolfière croissant avec l'altitude déterminée par la force ascensionnelle du gaz.

Fig. 11.

Dernier modèle du barothermographe enregistreur. Les diagrammes sont protégés par un cylindre.

Il se trouvait pour la première fois à bord du ballon de Chaintreaux un appareil à prise d'air (*fig.* 12) dont la forme est bien primitive, mais il était difficile à cette époque de se faire une idée des difficultés que l'on aurait à vaincre pour résoudre un problème dont les physiciens étrangers ne se sont point encore préoccupés, et dont la solution ouvre une voie nouvelle à la Chimie de l'avenir. La partie essentielle est un réservoir vide dans lequel l'air atmosphérique doit être introduit à l'aide d'un tube abducteur qu'un mécanisme débouche et ferme hermétiquement presque aussitôt. Dans

Fig. 12.

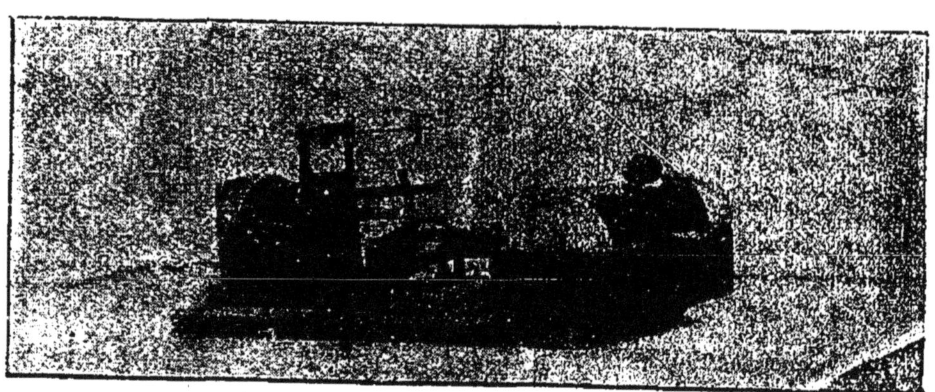

Premier appareil à prise d'air. Système de la soudure. (Ascension du 20 octobre 1895).

A gauche, la boite de Vidie; à droite, le réservoir. Le système complet se trouve fixé à une planche.

cet appareil, le double mouvement devait être produit par un tube de Vidie. C'est l'insuccès de cette première expérience qui a déterminé M. Hermite à employer un mouvement d'horlogerie dont l'effet est beaucoup plus certain. En effet, on peut augmenter autant qu'il est nécessaire le poids du ressort mis en action.

On employa pour la première fois des visées

géodésiques à la détermination approchée de la trajectoire. C'est avec une simple lunette astronomique, installée dans la cour des gazomètres,

Fig. 13.

Ascension de l'*Aérophile II*. 20 octobre 1895.
***Aérophile* pris à 30^{m} d'altitude**
en même temps que son ombre sur la salle des compteurs de l'usine de la Villette.

que M. Hermite put constater le changement de direction qui s'est produit peu de temps après le départ.

En même temps, des photographes n'ayant à leur disposition que des chambres noires tenues à la main et des photo-jumelles Carpentier prenaient des clichés du ballon (*fig.* 13 et 14). Avec

Fig. 14.

Aérophile pris à 150^{m} avec le même appareil que le cliché précédent. Différence de temps : 22 secondes.

ces moyens d'action rudimentaires ils sont parvenus à obtenir des résultats curieux en eux-mêmes. Mais ils sont surtout précieux parce qu'ils donnent une idée de la netteté que l'on pourra obtenir dans les images lointaines de l'aérostat en cours d'ascension lorsqu'on aura recours à des instruments plus parfaits.

La quatrième ascension a été exécutée avec l'*Aérophile II*. en baudruche, dont le volume est de 180^{mc}.

L'écran de papier argenté du panier parasoleil a été recouvert intérieurement d'une couche de noir de fumée rendue adhérente avec de la gomme laque. Le but de cette disposition est d'absorber, dans l'intérieur du tube, tout rayonnement provenant de la lumière diffuse.

La boîte grillagée qui avait été imaginée dans le but de protéger l'enregistreur barothermométrique, a été rendue moins massive; c'était le premier pas pour arriver à sa suppression définitive à laquelle on s'est déterminé.

L'appareil à prise d'air a reçu une forme véritablement très curieuse. Elle n'a point donné de résultat, mais cette étape doit être conservée dans l'histoire des ballons-sondes, parce qu'elle contient plusieurs dispositions fort ingénieuses (*fig.* 15). La légende suffira à l'intelligence de la marche de cet appareil, sans que nous entrions dans de plus amples explications.

Jusqu'à ce moment le bombardement du ciel à l'aide d'aérostats-sondes était une entreprise qui appartenait exclusivement à MM. Hermite et Be-

Fig. 15.

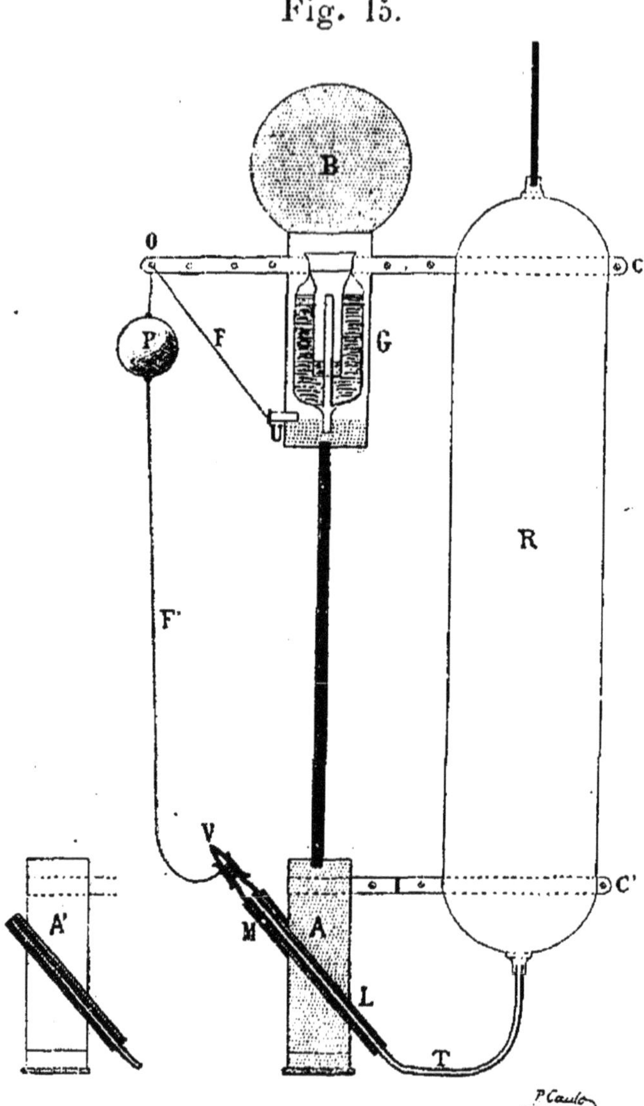

Second appareil à prise d'air par le procédé de la soudure.

R, réservoir vide d'air. — P, poids dont la chute détermine la rupture de la pointe en verre V et par suite la rentrée d'une certaine quantité d'air dans le réservoir. — U, arrêt du fil F dont la brisure détermine l'entraînement du fil F et par suite la chute du poids. — B, réservoir d'acide sulfurique mis en mouvement par la dépression barométrique. — A, Mélange de chlorate de potasse et de sucre dont la combustion est déterminée par la chute d'acide et destinée à produire la fusion du verre.

sançon. Comme quelques personnes l'ont avancé, des tentatives ont été faites à Chalais-Meudon; elles sont sans importance au point de vue de l'antériorité scientifique. En effet, il manque à ces travaux la sanction de la publicité, qui est essentielle, suivant les principes qu'Arago a établis. Cette circonstance tient, il est à peine besoin de le dire, au secret que le Ministre de la Guerre impose à tous les officiers dont il met à contribution le savoir. Mais ce que l'on a raconté à l'Académie des succès de nos jeunes compatriotes devait leur susciter une honorable compétition contre laquelle ils ont pu se défendre vaillamment. S'il est bon de résumer les principaux incidents de cette lutte scientifique, il est indispensable d'entrer dans quelques explications sur les éléments de la théorie physique de l'ascension d'un ballon-sonde.

II.

A L'ÉTRANGER.

Le gouvernement allemand ne s'est pas contenté de fonder un service aéronautique militaire servant à exécuter des ascensions captives en temps de guerre. Il a compris qu'il était indispensable de favoriser le développement de l'Aéronautique civile en temps de paix. Il a accordé une subvention importante à la Société de navigation aérienne de Berlin. De leur côté, les officiers allemands, parmi lesquels il n'est que juste de citer le capitaine Mœdebeck, ont, depuis la fondation de la *Luftschiffahrt*, communiqué à ce journal le résultat de leurs expériences scientifiques.

Dans la *Luftschiffahrt* de 1895, nous trouvons à la page 102 un Tableau comprenant les résultats de quarante-sept ascensions exécutées par les aéronautes civils unis aux aéronautes militaires. Les uns et les autres étudient ensemble ce qui se passe en France au point de vue de la navigation aérienne avec un zèle qui leur fait honneur. Ils ne pouvaient laisser passer les expériences de MM. Hermite et Besançon, sans chercher à exécuter de leur côté des opérations analogues. C'est ce qu'ils ont tenté pour la première fois avec un ballon en tissu caoutchouté auquel ils ont donné le nom de *Cirrus I*. Ils lui ont donné un cube de 250^{m} supérieur à celui du ballon français et, de plus, l'ont gonflé avec du gaz hydrogène produit par les générateurs de l'État.

La première expédition du *Cirrus* allemand a été exécutée devant l'empereur Guillaume II, le 11 mars 1894, au parc aérostatique militaire de Templhof, en même temps que deux ascensions montées, dirigées l'une par M. Berson, et l'autre par M. Suring, deux physiciens de l'Institut météorologique. L'expérience du ballon-sonde ne fut point heureuse. Le *Cirrus* creva en l'air. Mais M. Assmann, chef de section à l'Institut météorologique de Berlin, qui organisait ces expériences, ne se rebuta point. Le 7 juillet il exécuta une seconde tentative qui eut un brillant succès. En effet, le *Cirrus* fut retrouvé à Tavna, près de Zvornik, sur les limites de la Serbie et de la Bosnie, à une distance de 1000^{km} environ de Berlin. La trajectoire avait été parcourue avec une vitesse moyenne de 28^{km} à l'heure. Les enregistreurs indiquèrent une altitude de 16375^{m} et une température de 53° au-dessous de zéro. L'altitude est réduite en tenant compte des corrections de la formule de Laplace. La troisième ascension du *Cirrus* fut exécutée le 6 septembre, à 8^{h}45^{m} du matin, en même temps que le *Majestic* et le *Phœnix* partaient de Templhof, et un ballon russe de Pétersbourg. Le *Majestic*, qui faisait pourtant sa troisième ascension, éprouva un accident de soupape. Le *Phœnix*, après s'être élevé seulement à 3845^{m}, descendit en Poméranie, dans une direction tout à fait différente du *Cirrus*, qui parvint cette fois encore à 18450^{m}, où fut enregistré un minimum de — 68° au-dessous de zéro. La vitesse moyenne du vent était de 37^{m} environ par seconde.

Une quatrième expédition du *Cirrus* fut effectuée le 4 décembre, en même temps qu'une ascension du *Phœnix* était exécutée par M. Berson seul, et une du *Majestic*, par M. Suring, conduit par un aéronaute du service des ballons.

C'est dans ce voyage aérien que M. Berson fit usage des inhalations du gaz oxygène, d'après le système indiqué par nous dès 1869 dans la *Science en Ballon*, et parvint à l'altitude de 9156^{m}, ce qui en fait le champion du monde pour les altitudes. Il trouva la température de — 47°,9 C. à cette distance du niveau des mers où un être humain faisait pour la première fois des observations scientifiques.

Pour prendre les températures sans avoir besoin de se servir d'une boîte de Vidie, mettant en mouvement un mécanisme qui donnera toujours prise à quelques objections, M. Assmann a eu l'idée d'appliquer un procédé employé aux Observatoires de Kew et de Greenwich, et basé sur l'action photogénique de la lumière. MM. Hermite et Besançon, qui en avaient fait antérieurement usage, l'ont décrit dans le numéro de janvier-février 1896 de la Revue *l'Aérophile*.

Le thermomètre est diaphragmé par deux bandes longitudinales d'émail. L'alcool qu'il contient est coloré par le noir d'aniline. Si l'on applique une bande de papier sensibilisé derrière la tige de ce thermomètre, la lumière agira sur le papier jusqu'au niveau de l'alcool. Il en résulte que la hauteur des ordonnées noircies dans le négatif donnera la mesure du retrait produit à chaque instant par la contraction thermique.

Il est évident qu'il est possible de rendre l'appareil automatique en plaçant le thermomètre à tige cylindrique en face d'un segment de tore, dans une fente qu'il remplit complètement et que la lumière doit traverser pour atteindre un cylindre se déroulant proportionnellement au temps. Il suffit que le papier sensibilisé s'impressionne à la lumière diffuse qui est très intense dans la haute atmosphère. Ce n'est pas du reste la seule application, comme nous le verrons un peu plus bas, que la Photographie peut trouver dans les ballons-sondes.

Malheureusement, le système employé, quelque ingénieux qu'il fût, ne donna aucun résultat dans cette ascension importante. Il en fut de même du baromètre. Les indications scientifiques constatées furent donc nulles. On sait seulement que le *Cirrus*, parti à $11^{h}41^{m}$, fut trouvé 2 heures 41 minutes plus tard près de Jordenstorff, entre Teterow et Gnoien, dans le Mecklembourg. La vitesse moyenne a été seulement de 18^{km} à l'heure, autre circonstance paraissant confirmer l'idée que le *Cirrus I* est resté dans des couches assez basses [1].

Les dernières ascensions de l'*Aérophile* donnèrent lieu à des communications à l'Académie des Sciences, présentées par M. Berthelot, qui n'a jamais oublié qu'il fut le Président du Comité scientifique de la Défense nationale et s'est constamment montré favorable à toutes les recherches utiles au progrès de la navigation aérienne.

Également patronnés par M. Mascart, l'éminent directeur du Bureau central, ces Mémoires attirèrent d'une façon spéciale l'attention du physi-

[1] Il est à regretter que les diagrammes relatifs aux ascensions où les *Cirrus* ont atteint des hauteurs si considérables n'aient point été publiés.

sicien qui avait pris la direction des expériences analogues exécutées à Berlin et qui, encouragé par ses premiers succès, espérait en obtenir d'autres plus brillants encore. Ce savant écrivit à M. Hermite une lettre en date du 12 juin 1896. Dans ce document mémorable, M. Assmann apprenait à son correspondant que l'empereur d'Allemagne avait mis à sa disposition, sur sa cassette privée, les sommes nécessaires pour exécuter, avec des ballons-sondes, douze ascensions aérostatiques à grande hauteur, et conviait les Français à y prendre part. Il déclarait loyalement à son correspondant que, grâce à cet appui, il espérait les vaincre dans l'élément qui paraissait jusqu'ici leur appartenir. Cette franchise n'a point été étrangère à la facilité avec laquelle MM. Hermite et Besançon ont trouvé le concours du prince Roland Bonaparte et du baron Edmond de Rothschild. Nous sommes certain qu'elle leur en attirera d'autres. C'était faire appel au patriotisme dans sa forme la plus élevée, car, transportées dans le domaine de la Science, les rivalités nationales produisent les résultats les plus utiles au progrès universel. Cet appel fut entendu et M. Hermite y répondit par une lettre des plus remarquables insérée dans l'*Aérophile* de juillet-août 1896.

C'est à partir de ce moment que l'attention publique s'occupa des expériences de MM. Hermite et Besançon. Dès lors l'exploration de la haute atmosphère prit les développements qu'elle a rapidement reçus, et qui permettent d'espérer que l'on arrachera enfin la navigation aérienne des mains des inventeurs de ballons dirigeables et de machines volantes.

Il est d'autant plus étonnant que l'on n'ait point songé depuis longtemps à l'exécution de ces expériences, que l'on a fait beaucoup de bruit quelque temps après la guerre d'un projet consistant à mettre les aéronautes sous cloche et à emporter cette cloche à d'immenses altitudes. Les calculs qui ont été faits à cette époque ont montré que ce système était tout à fait chimérique et que son application surchargerait inutilement le ballon d'un poids énorme. Car, renfermé dans une sorte de cage à plongeur et incapable même de voir ce qui se passe au dehors, puisque ses hublots seraient presque toujours couverts de givre, l'aéronaute serait réduit à un rôle d'automate. Sa mission se bornerait à tourner quelques robinets et à inscrire des chiffres, qu'un jeu de ressorts et de chronomètres habilement disposés remplacerait par des courbes continues.

L'idée simple, l'idée vraie n'est venue comme toujours que la dernière. Mais MM. Hermite et Besançon l'ont conçue dans toute son ampleur. En effet, ils déclarent hautement dans une circulaire qu'ils viennent d'adresser aux amis de la science, que leur but est de constituer un observateur automate, pouvant accomplir tout ce qu'un aéronaute ordinaire peut faire dans sa nacelle. Il serait curieux de constater que le problème fantaisiste résolu par le Faust de Gœthe, lorsqu'il tirait un homme factice des creusets de son laboratoire, pût être résolu pour la première fois dans la haute atmosphère pour le grand bénéfice de la Science. En effet, les aéronautes d'aluminium et d'acier dont la construction est ébauchée, ne doivent ressentir ni les froids rigoureux ni la dépression, qu'ils finiront par enregistrer avec une précision inconcevable. Il suffira sans doute de perfectionnements dont la pratique indiquera la nature pour que les courbes que l'on retrouvera à terre deviennent irréprochables. Un jour viendra peut-être où l'on connaîtra la marche des observations aériennes automatiques d'une façon aussi parfaite que si le ballon-sonde avait été monté par un Berson ou par un Glaisher.

Mais, avant de pousser plus loin l'histoire de cette nouvelle période, il est utile d'examiner à la fois la portée des problèmes que l'on peut être appelé à résoudre dans ces régions que l'on devait croire inaccessibles à la science humaine, et les moyens que MM. Hermite et Besançon emploient actuellement dans les expéditions organisées sous les auspices de la Commission internationale.

Quant aux ascensions montées, malgré l'intérêt considérable qui s'attache à ce complément indispensable des ascensions automatiques, nous ne pouvons, par crainte de nous voir débordé, en entretenir les lecteurs de cet Opuscule que d'une façon accessoire et sommaire.

Nous ne pouvons cependant nous empêcher de faire remarquer qu'il y a un intérêt sérieux à les faire exécuter à des hauteurs assez grandes, pour que la vérification qu'elles peuvent donner des indications des ballons-sondes s'étende sur une fraction aussi grande que possible de la course de ces derniers. On doit donc employer tous les moyens de les rendre moins périlleuses et moins pénibles, en familiarisant les physiciens courageux qui les entreprennent avec l'usage des inhalations d'oxygène que nous avons imaginées, et d'autres mesures de précaution faciles à indiquer.

III.

THÉORIE DE L'ASCENSION D'UN BALLON-SONDE.

Le premier problème à résoudre est de calculer l'altitude à laquelle pourra s'élever un ballon d'un volume donné, fabriqué avec une étoffe déterminée, gonflé d'un gaz dont on connaît la pesanteur spécifique, consolidé par un filet dont le poids est indiqué ainsi que celui de la charge. Nous ne le ferons que d'une façon empirique, car les équations générales du mouvement d'un ballon en cours d'ascension sont d'une complication beaucoup trop grande pour être utilisées d'une façon quelconque (1).

La question a déjà été traitée par Gabriel Yon

(1) *Voir* la fin de l'article *Aérostation*, écrit par M. GLAISHER dans la dernière édition de l'*Encyclopedia Britannica*.

qui, dans le premier numéro du journal *l'Aérophile,* a publié le Tableau que nous reproduisons pages 48 et 49.

Supposons pour fixer les idées que l'on veuille lancer un ballon militaire normal de 10^{m} de diamètre, la surface serait de 314^{mq}, et le volume de 520^{mc}. A raison de 100^{gr} le mètre superficiel, l'étoffe pèsera 31^{kg},400. Si la charge et le filet ont un poids identique, le matériel montant pèsera 62^{kg},800. Comme le volume est de 520^{mc}, il faudra que chaque mètre cube de gaz soutienne un poids de 120^{gr} en nombre rond.

Pour compléter le calcul, nous allons supposer que la pression barométrique soit égale à 760^{mm}, la température de l'air à 0° et son état hygrométrique à 0°, c'est-à-dire qu'il n'y ait aucune quantité de vapeur d'eau répandue dans l'atmosphère.

Supposons que le gaz employé soit de l'hydrogène carboné qui enlève 800^{gr} par mètre cube dans les conditions normales 0° et 760^{mm}. La densité de ce gaz sera de 0,317 et la force ascensionnelle de 0,683; elle sera donc proportionnelle au poids de l'air, c'est-à-dire, si le mètre cube d'air pèse 1^{kg}, elle sera de 683^{gr}. Si le mètre cube d'air pèse 500^{gr}, elle sera réduite à 342^{gr}. Il en résulte que le ballon s'élancera jusqu'à la couche où le mètre cube d'air aura un poids si faible que la force ascensionnelle du gaz sera réduite à 120^{gr}.

Tableau théorique des ascensions

DIAMÈTRES.	VOLUMES.	SURFACES.	POIDS EN BAUDRUCHE.	POIDS DU FILET.	POIDS PAR HUMIDITÉ.	POIDS maximum par refroidissement.		SURCHARGE totale.	
						Hydrogène.	Gaz d'éclairage.	Hydrogène.	Gaz d'éclairage.
m	mq	mc	75^{gr} par mq	kg	250^{gr} par mq	kg	kg	kg	kg
1	523 l.	3,1	0,230	0,008	0,775	0,011	0,031	0,786	0,806
2	4,2	12,5	0,935	0,012	3,125	0,088	0,252	3,213	3,377
3	14,7	28,3	2,120	0,060	7,075	0,308	0,882	7,390	7,957
4	33,5	50,3	3,770	0,170	12,575	0,700	2,010	13,275	14,585
5	65,3	78,5	5,885	0,400	19,625	1,470	3,920	21,1	23,545
6	113,0	113,0	8,475	0,800	28,250	2,370	6,780	30,6	35,030
10	523,0	314,0	23,550	6,500	78,500	11,000	31,380	89,5	109,880
20	4188,0	1256,0	94,200	100	314	88,000	251,280	402	565,280

Ces nombres ont été obtenus en 1893 par M. Hermite à la suite d'expériences faites par M. Besançon, en adoptant pour le coefficient numérique de la formule de Laplace K = 18929, valeur proposée par Dupuy de Lome. Les étoffes employées étaient très lourdes : coton, 350^{gr} par mètre carré ; poughie, 300^{gr} ; soie de Lyon, 250^{gr}, y compris un bon vernissage. Il supposait que le gaz d'éclairage avait un poids de 593^{gr} par mètre cube, et l'hydrogène pur un poids de 193^{gr}. Ces nombres sont donc loin de représenter ceux que l'on peut

par ballons explorateurs.

FORCE ascensionnelle totale.		ALTITUDES MAXIMA.							
		Pour les ballons gonflés à l'hydrogène.				Pour les ballons gonflés au gaz d'éclairage.			
		Enveloppe seule.		Avec le filet et 300gr d'instruments.		Enveloppe seule.		Avec le filet et 300gr d'instruments.	
Hydrogène.	Gaz d'éclairage.	Température du gaz égale à celle de l'air.	Avec augmentation de température du gaz de 30° C.	Température du gaz égale à celle de l'air.	Avec augmentation de température du gaz de 30° C.	Température du gaz égale à celle de l'air.	Avec augmentation de température du gaz de 30° C	Température du gaz égale à celle de l'air.	Avec augmentation de température du gaz de 30° C.
kg	kg	m.	m.	m.	m.	m.	m.	m.	m.
0,575	0,392	7320	7450	465	620	4240	4830	»	»
4,620	3,150	12700	12940	10500	10640	9720	10330	7400	8040
16,170	11,025	16300	16490	15000	15200	13200	13850	11940	12575
36,850	25,125	18440	18550	17400	17600	15200	15860	14300	14925
71,830	48,975	20190	20300	19300	19440	17000	17700	16100	16745
124,300	84,750	21600	21900	20600	20900	18550	19200	17600	18225
575,200	392,250	25800	26040	23700	23950	22800	23350	20730	21315
4606,800	3141,000	31900	32100	25600	25800	28700	29400	22450	23000

obtenir dans l'état actuel de la Science. Mais nous avons cru devoir les mettre sous les yeux du lecteur à cause de leur valeur historique, et parce qu'ils donnent bien une idée de la manière dont augmente la difficulté avec la hauteur. G. Yon utilise ce curieux travail (*Aérophile*, t. 1, p. 12), en établissant qu'il faudrait un aérostat de 25 000mc pour monter à 15 000m une nacelle métallique fermée abritant l'aéronaute, et l'on n'arriverait pas à 20 000m en partant avec un ballon de 43 000mc ayant un diamètre de 44m.

La pression de cette couche peut se trouver par une formule tout à fait élémentaire. Sa valeur inconnue, en vertu de la loi de Mariotte, doit satisfaire à l'équation

$$120 = \frac{800 \times x}{760}.$$

Si, au lieu d'un gaz d'éclairage (exceptionnellement bon), l'on avait du gaz hydrogène pur enlevant 1200gr au niveau de la mer, la valeur de x serait donnée par la résolution de l'équation du premier degré

$$120 = \frac{1200 \times x}{760}.$$

Les deux valeurs de x seraient donc proportionnelles à $\frac{1}{800}$ et à $\frac{1}{1200}$ ou, en simplifiant, à $\frac{1}{2}$ et à $\frac{1}{3}$.

Si au lieu d'être de 10m le diamètre du ballon était de 20m, le poids de l'enveloppe serait quadruple, ainsi que celui du filet; supposons que l'on a doublé la charge, le poids du matériel montant serait quadruplé, mais le volume serait octuplé, de sorte que le poids que chaque mètre cube de gaz aurait à supporter dans la couche d'équilibre serait deux fois moindre. Comme ces raisonnements sont visiblement indépendants de la valeur particulière donnée aux nombres, on peut dire que la pression régnant dans la couche d'équilibre est proportionnelle au poids matériel montant et inversement proportionnelle à la force ascensionnelle du gaz ainsi qu'au diamètre du ballon.

Les formules auxquelles nous arrivons sont au fond les mêmes que celles que M. le commandant Renard a établies dans un Mémoire fort intéressant publié en 1892 dans les *Comptes rendus de l'Académie des Sciences,* mais nous pensons qu'il est préférable de les présenter sous cette forme tout à fait élémentaire. Nous éclairerons en outre leurs usages par des exemples numériques très simples.

Plus cette couche aura une densité moindre, plus le ballon s'éloignera de la surface de la Terre, et plus l'intérêt des expériences augmentera. En effet, tout est encore inconnu dans ces hautes régions : la température de l'air, la direction des vents, l'état électrique, et même la composition de l'atmosphère. Il est vrai, on sait que la température est très basse, on suppose que la composition de l'air est la même qu'à la surface de la Terre, on admet qu'il règne des vents très violents dont la direction est toujours à peu près d'Ouest en Est, c'est-à-dire parallèle au sens du mouvement diurne de la Terre ; on enseigne que l'électricité de l'air va en augmentant de potentiel et qu'elle est toujours négative, on fait l'hypothèse qu'il n'y a plus de vapeur d'eau, on pense que la constante de la radiation solaire possède une valeur prodigieuse, que celle de la Lune est complètement nulle, etc., etc., mais toutes ces hypothèses n'ont aucune valeur absolue, aucun fondement réellement scientifique. Biot [1] se demande même si la loi de décroissance de la pression avec l'altitude s'applique à ces régions élevées dont l'exploration est indispensable à la constitution de la Météorologie rationnelle, et dans lesquelles s'effectue en quelque sorte la fusion des questions astronomiques et des questions météorologiques.

Si l'on examine la formule empirique à laquelle nous sommes arrivés pour déterminer la valeur théorique de la couche limite, on voit que la force ascensionnelle du gaz ne peut dépasser 1200^{gr}, mais que l'on peut disposer en apparence de deux éléments, le poids du matériel montant et le rayon du ballon; toutefois ces deux éléments, au lieu d'être indépendants, sont en réalité fonction l'un de l'autre.

Plus le rayon du ballon est grand, plus il faut que l'enveloppe qui le constitue soit résistante. En effet, Henry Giffard a démontré que les lois qui régissent la construction des chaudières sphériques s'appliquent aux constructions aérostatiques. Toutes choses égales d'ailleurs, l'épaisseur d'une étoffe doit être proportionnelle au rayon,

---

(1) *Astronomie physique*, t. I.

de sorte que la surface variant comme le carré de cette quantité, le poids de l'enveloppe varie comme le cube, c'est-à-dire de la même manière que la force ascensionnelle. Si les aéronautes forains trouvent intérêt à grossir les ballons qu'ils fabriquent avec les étoffes du commerce, c'est uniquement parce qu'ils n'ont pas à leur disposition ces étoffes ultra-légères qui suffiraient pour les petits cubes, pour lesquels le calicot le plus commun possède forcément une résistance infiniment trop grande.

Cette vérité est surtout essentielle lorsqu'il s'agit des ballons-sondes qui sont exposés à supporter de grands efforts mais qui en même temps doivent être très légers. Il faut que l'enveloppe ait une résistance déterminée par le volume, et l'art du constructeur est de la donner suffisante, sans surcharger l'aérostat d'un poids inutile qui arrête son essor.

L'excellente qualité des étoffes que M. Besançon est parvenu à se procurer et la préparation qu'il leur fait subir pour réaliser une imperméabilité absolue sans altérer leur résistance primitive, est une des causes des succès que les ballons-sondes français ont obtenus jusqu'ici dans les expériences internationales. Ces ballons sont fabriqués avec un tissu de soie très serré, qui ne pèse que 30^{gr} le mètre carré, c'est-à-dire qui est presque aussi léger que le papier du Japon que l'on avait employé dans les premières expériences ; de plus il jouit de la propriété d'opposer une résistance très grande à la déchirure. Un mètre linéaire supportera une traction de 600^{kg} à 800^{kg} sans rompre.

Mais il ne suffit pas que ce tissu soit peu pesant et très résistant, il faut encore qu'il soit complètement imperméable au gaz, même au gaz hydrogène. C'est une condition qu'on ne peut remplir que par l'application d'un grand nombre de couches avec des soins particuliers. En effet, si l'on ne prend pas de précautions spéciales, l'étoffe sera attaquée par l'action de l'oxygène de l'air, elle subira une sorte de combustion lente, sa solidité sera altérée à tel point qu'elle n'offrira pas une consistance supérieure à celle de l'amadou. Le danger est d'autant plus difficile à éviter que le nombre des couches appliquées successivement est très grand. On en jugera par un chiffre. Le poids de ce tissu qui, vierge, est de 30^{gr}, ne s'élève pas à moins d'une centaine par une série de vernissages successifs. On peut donc dire sans exagération qu'un aérophile bien construit doit être une bulle de vernis consolidé par un réseau de fils de soie servant de charpente.

Si les ballons-sondes de Berlin se sont déchirés à plusieurs reprises, deux fois notamment devant l'empereur d'Allemagne, on doit attribuer cet accident principalement à ce que les physiciens de Berlin emploient dans la construction de leurs ballons-sondes une étoffe caoutchoutée dont la résistance a été trouvée très insuffisante. Les expériences faites par M. Andrée, lorsqu'il étudiait les tissus destinés à la fabrication de son ballon polaire, ont mis ce fait en évidence de façon telle qu'il a rejeté toutes les soies allemandes, dont en outre l'imperméabilité était aussi médiocre que la résistance. MM. Von Hergesell et Mœdebeck, qui emploient à Strasbourg des étoffes vernissées pour la construction de leurs ballons-sondes n'ont jamais éprouvé de déchirure au départ. Le seul accident qui leur soit arrivé est une rupture de câble.

M. Assmann a, de plus, l'habitude de ne pas gonfler complètement son ballon-sonde, de sorte que l'étoffe est assujettie à de brusques efforts lorsque le ballon est lancé dans l'atmosphère. Au contraire, M. Besançon a soin de fabriquer une enveloppe qui s'applique exactement sur le filet et de la remplir complètement de gaz, de sorte qu'elle s'appuie bien sur les mailles.

Ces précautions sont très nécessaires; en effet, la pression de l'air est tellement grande que le ballon-sonde se creuse à la partie supérieure, de manière que son volume diminue dans une proportion notable (voir *fig*. 5).

Il résulte de ce mode de lancement que le gaz se précipite avec violence par l'orifice et que la force ascensionnelle diminue d'une façon très rapide.

Le capitaine Mœdebeck a publié dans le *Prometheus* du 3 mars 1897 un excellent article sur les ascensions du 14 novembre, où se trouve le Tableau des vitesses constatées par les diagrammes des trois ballons-sondes.

TEMPS après le départ.	VITESSES CONSTATÉES EN MÈTRES.		
	Paris.	Strasbourg.	Berlin.
0min	9	6,3	4,5
10	8,3	4,4	3,2
20	5	1,65	1,33
30	1,5	0,45	»
40	0,4	»	»

On voit que la vitesse décroît très rapidement, et que le danger qui en résulte ne dure pas longtemps, mais au départ la pression de l'air est immense. On a donc songé à la diminuer avec un sac de délestage. Cette opération n'est pas sans difficultés, mais dans l'ascension du 13 mai, le capitaine Kovanko s'en est servi d'une façon très heureuse. Il a même imaginé un procédé fort simple et très curieux pour le débarrasser du sac. Cet objet est retenu par un ressort, qui se déclenche de lui-même lorsque, par suite de la disparition du lest, le poids en est devenu trop faible.

M. Besançon avait pensé à donner à son *Aérophile* une forme allongée analogue à celle d'un obus. Mais les calculs auxquels il s'est livré lui ont appris que cette disposition n'offrirait en réalité aucun avantage. Elle aurait, en outre, l'inconvénient de favoriser le mouvement giratoire du grand axe de l'ellipsoïde de révolution et d'augmenter les mouvements du ballon contre lesquels il est indispensable de se prémunir. Si le ballon-sonde a été lancé sans précaution comme un ballon ordinaire, les mouvements giratoires acquièrent immédiatement une intensité alarmante.

On les diminue d'une façon très remarquable, en employant le procédé que nous avons indiqué et qui a été légèrement modifié à Strasbourg. Mais, aussitôt qu'on détruit la forme sphérique, ces mouvements augmentent d'une façon peu rassurante. On s'en est aperçu lors de l'expérience du 16 février, où l'*Aérophile II* avait reçu un léger accroissement de volume obtenu à l'aide de l'addition d'une bande équatoriale de 1^{m} de hauteur.

Un moyen d'une certaine efficacité pour lutter contre la rapide vidange du gaz et conserver plus longtemps la force ascensionnelle est de diminuer l'orifice de sortie, et de le pourvoir d'une manche d'une certaine longueur. On crée ainsi une pression intérieure qui peut atteindre un chiffre con-

Fig. 16.

Photographie du *panier parasoleil* dans lequel on place les enregistreurs. L'instrument est garni d'un rouleau vertical de papier argenté faisant cheminée. Ce papier a été enlevé pour que le mode de suspension des appareils puisse être aperçu.

sidérable et qui fait équilibre à celle qui est produite par la résistance de l'air.

La forme sphérique est évidemment très commode pour que l'aérostat résiste à la tension du gaz qui le remplit. Mais il faut s'arranger pour

Fig. 17.

Photographie d'un *Aérophile* prise au moment où l'on va retirer le cordage accessoire et le laisser suspendu par le câble de retenue.

que le ballon-sonde ne fasse point explosion par un surcroît de charge intérieure à la suite d'un débit insuffisant, comme il est arrivé à l'aéronaute belge Toulet dans une ascension où il a péri avec deux voyageurs.

Fig. 18.

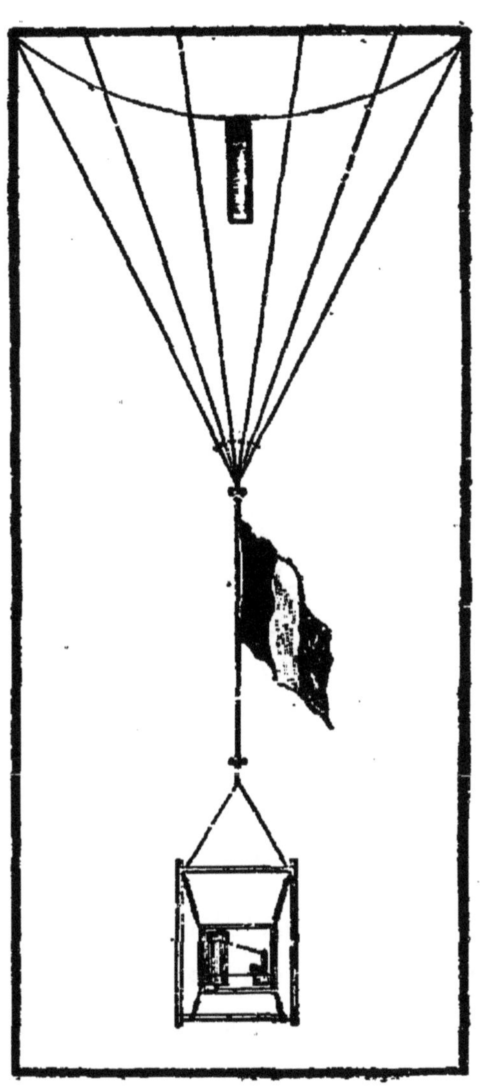

Disposition des enregistreurs français
et de leur suspension élastique.

Nous estimons que le procédé le plus simple et

le plus efficace serait de pourvoir le ballon-sonde d'une soupape à l'appendice. Le pression sous laquelle s'ouvrirait cette soupape devrait être réglée de manière à rester toujours bien inférieure à celle qui produirait l'explosion du ballon. Ce-

Fig. 19.

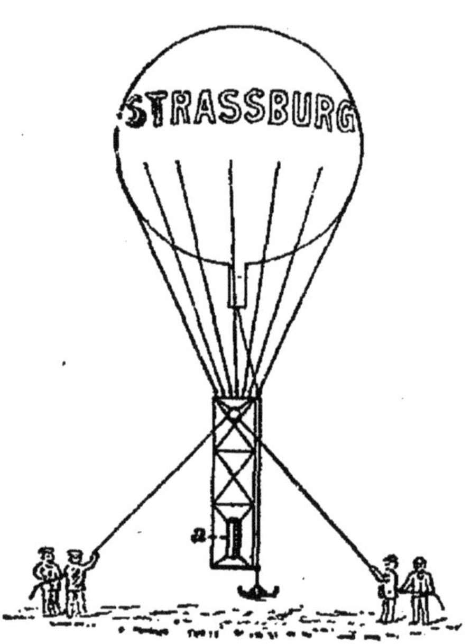

Procédé de lancement du ballon-sonde employé à Strasbourg.

lui-ci serait du reste consolidé par un filet qui l'envelopperait d'une façon complète.

Chaque fois que le gaz fuserait, il le ferait avec force et donnerait une impulsion au ballon dont il augmenterait la force vive. Quant au ballon qui voyagerait ainsi sous pression, il garderait sa forme d'une façon absolue et n'offrirait aucune

Fig. 20. — Gonflement du ballon le *Strassburg* dans le château de Strasbourg.

de ces dépressions et de ces déformations irrégulières qui augmentent dans une proportion prodigieuse les frottements sur l'air.

L'ascension serait à la fois plus calme et plus rapide, et, *tout en ne compromettant* pas l'expérience, on conserverait au gaz une pression suffisante pour maintenir la forme géométrique.

Actuellement la vitesse de départ peut être considérée comme étant le principal facteur de l'altitude à laquelle on arrive à la fin de l'ascension.

En effet, si nous comparons les vitesses initiales calculées par le capitaine Mœdebeck, et les altitudes finales constatées dans l'expérience du 14 novembre, nous arrivons aux résultats suivants :

VILLES	BERLIN.	STRASBOURG.	PARIS.
Vitesses initiales	4,5	6,3	9
Altitudes maxima	5700	7500	13800
$\frac{\text{Altitudes}}{\text{Vitesses}}$	1266	1190	15333

L'altitude extrême varie donc à peu près dans le rapport des vitesses initiales.

L'altitude de 13800m a été corrigée par le docteur Hergesell, qui a appliqué au ballon français le calcul du second terme de la formule de Laplace destinée à évaluer les altitudes à l'aide des pressions atmosphériques.

Cette formule célèbre est exposée avec tous les détails désirables dans le tome IV de la *Mécanique céleste.* Elle a été développée par Mathieu, préparée pour les calculs usuels, et elle est publiée chaque année dans l'*Annuaire du Bureau des Longitudes.*

Le premier terme a été employé à dresser une Table dont se servent les aéronautes pour leurs calculs de hauteur, ainsi que les opticiens pour graver les chiffres sur les cadrans des anéroïdes. Les chiffres ont été obtenus en supposant que la température de l'air soit uniforme à 0°, que la pression soit constante à 760^{mm} au niveau de la mer, et que l'air soit absolument sec. Dans ces circonstances idéales, les calculs reposent sur l'expression différentielle $dz = -\frac{dp}{p}$, qui est la traduction analytique de la loi de Mariotte. La détermination de la hauteur z est une opération que l'on nomme *intégration* et qui suppose essentiellement que l'on connaisse la hauteur correspondante à une pression donnée. Cette détermination a été faite au commencement du siècle par le baron Ramond, qui a observé pendant longtemps le baromètre dans les Pyrénées, à une altitude de 2700^{m}.

A la suite des travaux de ce célèbre physicien, lesquels ont été exposés dans un Ouvrage étendu, le premier terme a reçu la forme

$$z = 18336 \times \log \frac{H}{h}.$$

H est la pression normale au niveau de la mer, 760mm, soit 1kg par centimètre carré.

h est la pression à un niveau différent.

h est toujours plus grand que H lorsque l'on descend dans les mines, et plus petit lorsque l'on exécute une ascension aérostatique.

Si $\frac{H}{h} = 10$, c'est-à-dire si la pression de la couche où parvient le ballon-sonde est de 76mm de mercure, $z = 18336^m$. Par une coïncidence digne d'être notée, ce nombre est précisément celui qui résulte du travail du baron Ramond.

C'est ce coefficient qui a été modifié dans ces derniers temps et porté à 18 400. Il serait fort intéressant de le déterminer à la suite d'observations prises au-dessus de 10000m, par exemple à 14000m.

Le second terme de la formule préparée par l'astronome Mathieu est appelé le *terme de la température*. Il est ainsi constitué

$$-\frac{2a}{1000}(t - t').$$

t' est la température à la station supérieure et t la température à la station inférieure.

Dans les expériences des ballons-sondes t' est toujours négatif, de sorte que la correction est toujours soustractive ; a est la valeur approchée de l'altitude.

On discute actuellement sur la véritable valeur de la température de l'air à la station supérieure, et l'on se demande si la température n'est point en erreur de plusieurs degrés dont chacun donnerait lieu à une différence de 20^m pour une altitude de $10\,000^m$ et de 30^m pour une altitude de $15\,000^m$. On ne peut donc raisonnablement espérer une exactitude bien grande dans la mesure des hauteurs, tant que la détermination des températures n'aura pas été obtenue d'une façon sérieuse.

La correction relative à l'affaiblissement de la gravité ne possède aucune importance eu égard à la petitesse de la fraction du rayon de la Terre que représente l'altitude de la couche limite. Une hauteur de 36^{km} qui supposerait une densité de 7^{mm} à 8^{mm} seulement pour la couche limite, ne ferait varier g que d'environ un ou deux millièmes de sa valeur à la surface de la Terre.

Il en est de même de la correction, en apparence plus importante, qui provient de l'état hygrométrique de l'air. Cette correction est utile et même indispensable pour le calcul des altitudes, lorsque l'on reste au-dessous des sommets des montagnes d'Europe. Mais l'air est tellement sec dans les hautes régions, qu'il est inutile de se préoccuper de cette circonstance. Toute l'eau qui s'y rencontre est sous forme de poussière glacée, qui ne contribue nullement au ressort de l'air.

En résumé, sans tenir compte de toutes ces quantités accessoires, et comme première approximation, on peut dire que la pression de la couche limite est représentée par un nombre de centimètres de mercure inversement proportionnel à la force ascensionnelle du gaz et au diamètre du ballon, mais proportionnel au poids de l'enveloppe par mètre superficiel.

On voit donc qu'il est possible de compenser jusqu'à un certain point la mauvaise qualité du gaz par la perfection de l'enveloppe. Bien entendu, on comprend sous ce chef non seulement le vernis, mais encore le filet, c'est-à-dire tout ce qui contribue à maintenir le gaz dans l'intérieur de la sphère aérostatique. C'est ce que les aéronautes français sont parvenus à faire jusqu'ici.

On a publié, il y a quelques années, à l'origine des travaux de M. Besançon, des calculs dans lesquels on cherchait à établir *a priori* qu'il y avait des altitudes que les ballons-sondes ne pouvaient franchir. Ces calculs n'ont aucune importance pratique et ne reposent que sur une interprétation abusive de formules abstraites, n'ayant point pour fondement une pratique suffisamment étendue.

On connaît des vernis beaucoup plus légers que ceux dont on fait usage jusqu'ici, mais ils ont l'inconvénient d'attaquer la fibre de soie. Il y aurait donc lieu de voir si l'on ne pourrait employer des étoffes en fils métalliques dont la flexibilité serait suffisante, de résistance égale ou supérieure à celle de la soie, exigeant un vernis moins pesant et qui n'exercerait aucune action de nature à altérer leur résistance.

Toutes ces études sont inutiles, en apparence, si l'on se borne à construire des ballons météorologiques de basse région, c'est-à-dire allant de 4000^{m} à 5000^{m}. Mais ces appareils, qui deviendront vulgaires dans les observatoires météorologiques, bénéficieront des progrès accomplis dans le lancement des aérophiles de haute région, ainsi que dans leur construction et dans celle des enregistreurs dont ils sont chargés.

Il y a, du reste, un élément capital dont ces théoriciens ont négligé de tenir compte, dans le calcul de leurs colonnes d'Hercule atmosphériques. Cet élément, c'est la valeur de la radiation solaire, dont personne ne pouvait deviner l'importance, quoique l'on sache depuis longtemps que le gaz ou l'air atmosphérique renfermé dans un ballon prenne une température de beaucoup supérieure à celle de l'air ambiant. On se rappelait que cet effet est si puissant qu'on a vu un aérostat rempli simplement d'air atmosphérique s'enlever de lui-même et emporter un enfant accroché à la soupape, comme l'aurait fait une montgolfière. Mais on n'était point préparé à apprendre que la différence de température entre l'air ambiant et le gaz confiné dans l'intérieur de l'aérostat pourra dépasser, peut-être, celle qui sépare la température de l'eau bouillante et de la glace fondante.

C'est ce qui fait que pour s'éloigner le plus possible de la surface des mers, il faut exécuter les ascensions au milieu de la journée, en s'arrangeant pour que le ballon-sonde arrive à sa culmination vers midi.

Le calcul suivant montrera, du reste, l'étendue des variations d'altitudes que l'on peut obtenir avec le même ballon, suivant les circonstances atmosphériques qui ont présidé au lancer.

Le poids de 1^{mc} d'air au niveau de la mer est de

$$1,292 \times \frac{1}{1 + 0,0036\,t} \times \frac{h}{760},$$

t étant la température et h la hauteur barométrique.

Si l'on suppose $t = +30°$, $h = 740$, le poids du

mètre cube devient dans une ascension exécutée en été par un temps orageux

$$\frac{1}{1+0,108} \times \frac{74}{76} = 1^{kg},134.$$

Si l'on suppose au contraire $t = -20°$, $h = 780$, le poids du mètre cube d'air augmente lorsque l'on opère en hiver par beau temps et un froid vif.

$$1,292 \frac{1}{1-0,072} \times \frac{78}{76} = 1^{kg},414.$$

La force ascensionnelle du gaz subit les mêmes alternatives. Supposons que la densité du gaz soit de 0,300, elle sera de 0,700 du poids de l'air, ce qui représente en été 794^{gr} par mètre cube et en hiver 0,987. Le gain est donc de 143,5 pour un ballon de 500^{mc}.

Comme le gaz est recueilli sur l'eau, on peut admettre que chaque mètre cube contient environ 30^{lit} de vapeur d'eau dont la densité est double de celle du gaz qu'elle remplace. La force ascensionnelle de l'été peut être réduite à 784^{gr}, c'est-à-dire de 10^{gr} par suite de cette circonstance; quant à celle de l'hiver, il n'y a pas à la diminuer de ce chef, le gaz étant très sensiblement sec dans les conditions indiquées.

Si l'on suppose que le ballon-sonde ait un volume de 500^{mc} et pèse 50^{kg}, l'ascension aura lieu jusqu'à une couche où la force ascensionnelle du gaz soit de 100gr, ce qui suppose une pression de $\frac{100}{784}$ en été et de $\frac{100}{987}$ en hiver de ce qu'elle est à la surface de la Terre.

Par conséquent, en ne prenant que le premier terme de la formule de Laplace, $18336 \times \log \frac{H}{h}$, l'altitude obtenue sera :

En été, $18336 \times \log 7,84 = 18336 \times 0,89432$;
En hiver, $18336 \times \log 9,87 = 18336 \times 0,99432$.

La différence des altitudes est donc de 1883m.

Pour que le calcul fût exact, il faudrait tenir compte de l'effet de montgolfière, ce qu'il n'est pas possible de faire dans l'état d'ignorance où nous nous trouvons actuellement sur la constitution de la haute atmosphère. En effet, si les ballons-sondes s'élèvent au-dessus de la région des cirrus, et s'il n'y a pas des nuages d'une autre nature dans le voisinage des frontières du vide planétaire, s'il n'y a pas une liquéfaction de l'air, quelque circonstance inconnue dont nous ne soupçonnons pas même la nature, les rayons solaires agissent sur les ballons-sondes avec une énergie croissante à mesure que l'air qui les supporte se raréfie. Dans ces conditions un nouvel élément surgit, c'est la valeur linéaire du rayon vecteur du Soleil, qui est de 151 au solstice d'été et de 146 seulement au solstice d'hiver, de sorte que sa valeur calorifique varie comme $(151)^2 : (146)^2$, soit en nombre rond de 21 à 23.

Afin d'atteindre la couche limite la moins dense possible, on serait donc conduit à tenter au solstice d'hiver des ascensions de ballons-sondes dans l'hémisphère austral. Cette condition n'a rien qui paraisse difficile à remplir puisqu'il y a maintenant dans cette partie du globe des États, comme la République Argentine, possédant de grands observatoires, et des plaines immenses se prêtant admirablement aux expériences de ballons-sondes.

Dans les limites des expériences exécutées par les ballons-sondes français l'intervention de la chaleur solaire a déjà produit des effets assez considérables pour que cette circonstance ait été notée par MM. Hermite et Besançon, dans les expériences dont nous avons présenté le Tableau. Il n'est pas sans intérêt d'examiner ce que l'on peut raisonnablement attendre de cette ressource.

Supposons, ce qui n'a rien d'exagéré, que la différence de température entre l'air ambiant et le gaz des ballons ait été de 60° C. à la cote de 108^{mm} de mercure, et que le ballon-sonde ait été gonflé avec du gaz d'éclairage à 770^{gr} de force ascensionnelle à 0° et à 760^{mm} au niveau de la mer. La force ascensionnelle du mètre cube de gaz sera de 111^{gr} à cette altitude, mais le coefficient de dilatation du gaz étant de 0,0036 par degré, les 60° C. l'allégeront dans le rapport de 1210 à 1000, la force ascensionnelle du gaz chaud serait donc devenue 135^{gr}.

Si le ballon était rempli d'hydrogène pur à 1100^{gr} de force ascensionnelle, et que l'aérostat fût parvenu à la pression de $\frac{1}{7}$, cet hydrogène pur n'aurait qu'une force ascensionnelle de 157^{gr} s'il n'avait pas subi l'influence de la dilatation solaire. Si l'ascension avait lieu pendant la nuit, il n'aurait qu'une force bien peu supérieure à celle du gaz d'éclairage chauffé par le soleil.

Il résulte de ces observations et de ces calculs que, pour atteindre *cæteris paribus* une culmination maxima, il faut opérer en plein jour.

En effet, supposons que le soleil agisse sur le gaz hydrogène pur à la pression de $\frac{1}{7}$, il augmentera la force ascensionnelle dans le rapport de 1210 à 1000.

De 157 elle passera donc par le fait de l'échauffement à 180. Si l'on suppose que le cube, la charge et l'étoffe soient combinés pour que la force ascensionnelle du gaz d'éclairage suffise pour amener l'aérostat à une aussi grande hauteur, la pression de $\frac{1}{7}$ pourra être diminuée dans le rapport de $\frac{157}{180}$, elle sera donc réduite à $\frac{157}{1260} = 0,125$.

L'altitude, qui était 18336 log 7 = 13 473, devient 18 350 (log 1000 — log 125) = 15 805^{m}. Le ballon aura donc monté du fait de l'insolation de 2332^{m}, dans des régions où l'air est déjà excessivement rare et où le moindre surcroît d'altitude ne s'obtient que d'une façon très pénible.

Il semble donc utile d'accélérer l'effet de montgolfière et de l'augmenter en teignant le ballon en noir, ce qui augmente prodigieusement l'effet thermique dans certaines circonstances. La constatation de ce fait intéressant a failli me coûter la vie lors d'une ascension que j'ai exécutée aux arènes de la rue Monge, dans les derniers temps de l'Empire. J'ai consacré à ce récit un Chapitre assez curieux du *Siège de Paris vu à vol d'oiseau*.

Supposons que l'on soit arrivé à mener, sans dilatation, le ballon à l'altitude 18336^{m} avec la pression $= \frac{1}{10}$, et qu'à cette altitude on ait un excès thermique de 100° C., la pression de la couche limite pourra être réduite de ce fait dans le rapport de 100° à 1360, elle deviendra donc $\frac{100}{1360} = 0,07$.

La hauteur atteinte sera

$$18336 \times (2 - \log 7) = 21200.$$

L'altitude gagnée par la chaleur du soleil sera de plus de 3000^{m}.

Ces considérations, que j'ai développées à différentes reprises dans plusieurs publications, ont frappé les officiers russes qui font partie du Comité international; ils ont commandé à Paris un ballon-sonde de couleur noire (1).

Mais par compensation, pendant la nuit, on aura la température de l'air, sans autre erreur que celle provenant de la paresse des thermomètres, élément susceptible de déterminations précises, comme nous le verrons plus bas.

Les ascensions nocturnes dans lesquelles on se proposera surtout d'étudier exactement la température doivent être exécutées en été, principalement à cause du peu de longueur de la période d'obscurité, qui permet facilement au ballon de rester en l'air jusqu'au retour de la lumière. Dans ce genre de voyages aériens, on n'a naturellement pas besoin de garnir l'aérostat d'un panier para-soleil, bénéfice qui n'est point à dédaigner. En effet, dans la zone où l'hydrogène est réduit au $\frac{1}{15}$ de sa densité normale, il faut près de 12^{mc} pour supporter le poids de 1^{kg}!

Mais il y a une limite où l'on ne peut plus augmenter le volume d'un ballon-sonde sans augmenter le poids de l'enveloppe dans la même proportion que la force ascensionnelle totale! Alors

---

(1) L'aéronaute chargé de la construction s'est borné à donner à l'aérostat une teinte brune avec du noir d'aniline. Dans notre ascension de 1870 le ballon avait été teint en bleu de Prusse, que l'hydrogène sulfuré contenu dans le gaz avait changé en sulfure de fer.

Fig. 21.

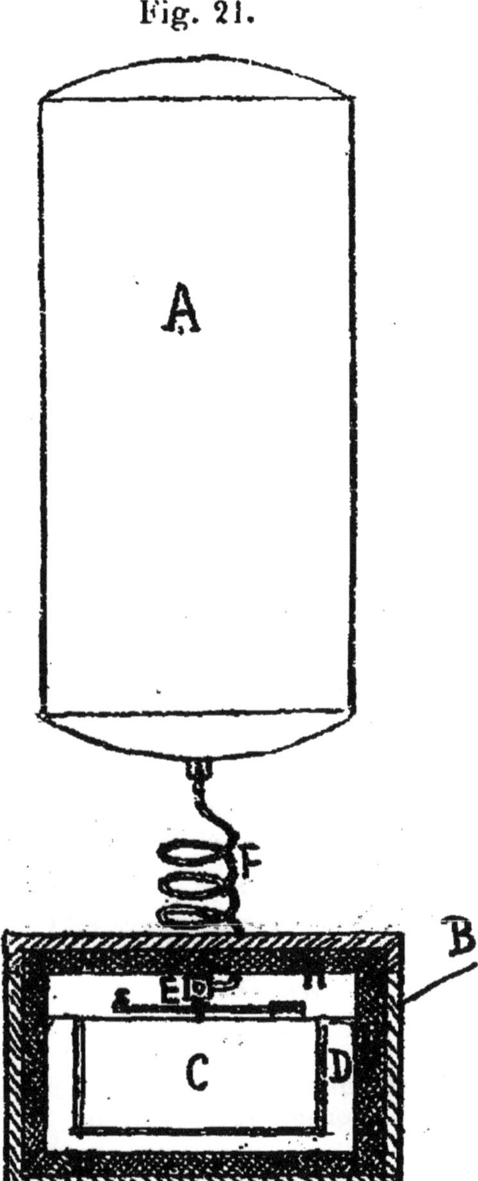

Appareil Cailletet pour la prise d'air dans les hautes régions atmosphériques.

Coupe verticale.

A, réservoir vide d'air. — F, tube conjonctif. — E, robinet. — C, mouvement d'horlogerie. — B, boite en bois renfermant l'acétate de soude en fusion dans son eau de cristallisation.

on est arrivé aux colonnes d'Hercule de l'aérostation en hauteur.

Jusqu'ici les ballons-sondes français sont les seuls qui aient emporté des appareils à prise d'air (*fig.* 21). C'est ce qui rend fort intéressant le succès obtenu dans l'ascension du 18 février dernier.

C'est à l'aide du secteur *S* (*fig.* 21 *bis*) agissant

Fig. 21 *bis*.

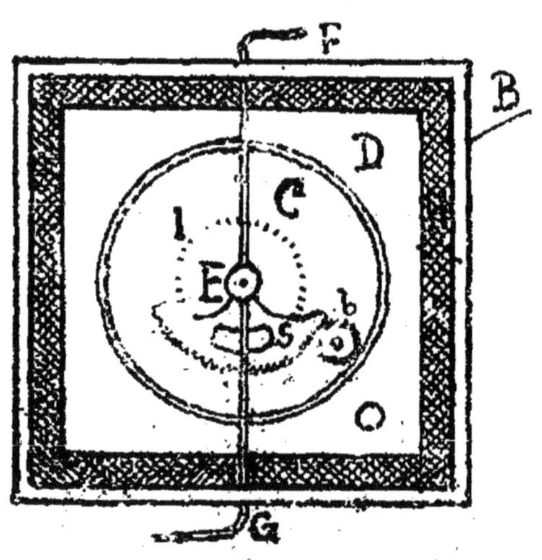

Plan.

S, Secteur agissant sur le pignon *b* pour ouvrir, puis fermer le robinet B.

sur le pignon *b* que le robinet E s'ouvre et se ferme après être resté ouvert pendant un certain temps. Ce temps est déterminé par la durée de la rotation du secteur engrenant sur le pignon.

La lumière du robinet, construit et rodé avec le

plus grand soin, n'est point perpendiculaire à l'axe de rotation, mais creusée obliquement dans le boisseau. Cette disposition, très efficace, est empruntée aux appareils destinés à renfermer un gaz liquéfié. Tout le mécanisme est placé dans une caisse contenant de l'acétate de soude fondu dans son eau de cristallisation. Ce procédé est employé afin d'empêcher la congélation des matières lubrifiantes. La boîte et son contenu deviendraient inutiles si l'on obtenait la lubrification avec des substances incongelables, ou mieux si l'on opérait à sec, ce qui paraît possible.

L'emploi de cet appareil exige une série de précautions. Le vide doit être aussi parfait que dans les tubes à lumière cathodique, afin d'éviter que le résidu d'air emporté de terre ne se mélange à l'air emprisonné dans la haute atmosphère, et dont le volume ramené à la surface du sol est toujours assez minime. Les 7^{lit} qui remplissaient le réservoir de l'appareil Cailletet n'en donnaient pas un seul dans le laboratoire de M. Müntz. Il faut que tous les tubes aient été stérilisés et débarrassés des poussières si l'on veut procéder à l'analyse micrographique. Enfin il est indispensable que l'on s'assure que l'oxygène capté n'exerce aucune action soit sur la substance du réservoir, soit sur celle des matières qui s'y trouvent accidentellement placées. En elle-même l'analyse de l'air est une opération très longue et très minutieuse, mais elle est susceptible d'être exécutée avec toute la précision désirable dans des laboratoires outillés comme celui de l'Institut agronomique, où l'on est parvenu à déterminer exactement la quantité d'argon. Mais il faut que, comme la femme de César, l'appareil à prise d'air ne puisse pas même être soupçonné, pour que les résultats soient admis. En effet, beaucoup de savants sont persuadés, *a priori*, que l'air ne peut offrir aucune différence de composition, à quelque hauteur qu'on le puise. Ils attribuent aux courants aériens le pouvoir d'effectuer un parfait mélange.

D'après le vœu exprimé par M. Bouquet de la Grye, président du Comité de Paris, la vérification de la loi de Laplace aura lieu à l'aide de clichés photographiques pris avec des objectifs à long foyer dont l'axe sera rendu vertical à l'aide d'une suspension à la Cardan. M. Cailletet a été chargé de combiner un appareil de ce genre, avec M. Gaumont, directeur du Comptoir général de la Photographie.

Les appareils sont construits d'après le principe du cinématographe et des combinaisons nouvelles permettant de photographier également les instruments météorologiques.

Les vues que l'on rapportera ainsi des hautes régions donneront des renseignements très curieux sur la vue de la Terre ou la forme des nuages qui empêcheront de l'apercevoir.

On aura des images de notre globe, nous montrant réellement la manière dont les astronomes de Vénus doivent l'apercevoir s'ils possèdent des lunettes astronomiques d'un pouvoir suffisant. Ces clichés nous donneront une idée des déformations subies par les objets que nous apercevons nous-mêmes à la surface de la planète Mars. En effet, nous savons, par les recherches de M. Janssen, qu'il y a dans l'atmosphère de ce corps céleste de la vapeur d'eau et, par conséquent, des nuages plus ou moins analogues aux nôtres.

Quel que soit le résultat de la vérification des hauteurs barométriques, il n'empêchera pas la loi de Laplace d'être suffisante pour que les altitudes déterminées en l'employant puissent être combinées avec les indications du dromographe de M. Hermite.

L'instrument est disposé de telle manière que le déplacement nécessaire pour suivre la variation d'altitude produit un mouvement correspondant d'une plume à encre rouge enregistrant une courbe sur le cylindre chronographique. Le mouvement autour de l'axe nécessité par le changement d'azimut se communique à un train d'engrenage et fait progresser une plume à encre noire traçant ses indications sur le même cylindre (*fig.* 22).

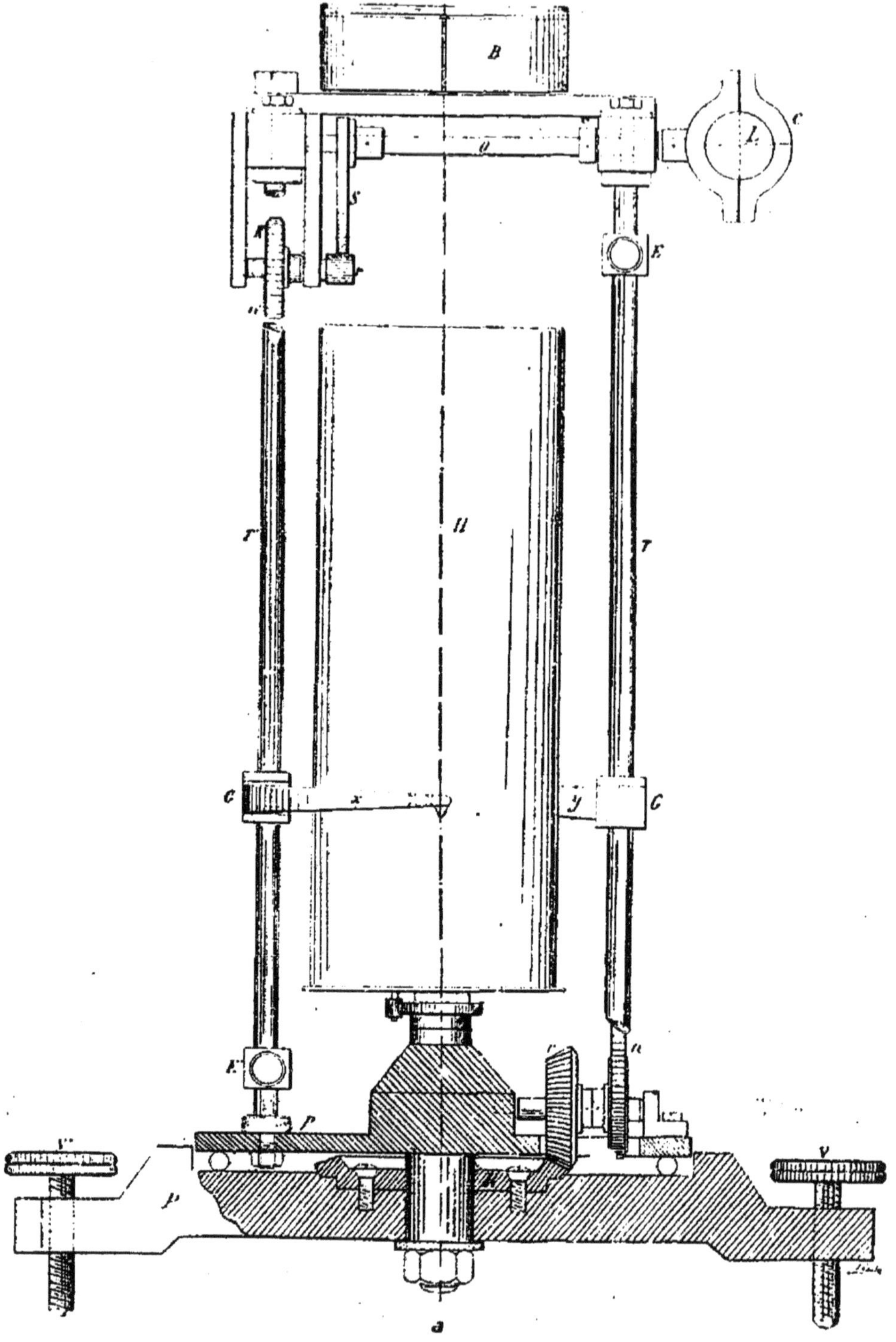

Fig. 22. — Coupe verticale du dromographe, appareil pour enregistrer les observations géodésiques.

A, axe de l'appareil. — B, mouvement d'horlogerie. — H, cylindre de l'enregistrement. — *x*, style de l'enregistrement des azimuts. — *y*, style de l'enregistrement des altitudes. — V, V', vis calantes. — *l*, axe de la lunette. — *n*, chaîne de communication du mouvement pour l'enregistrement des azimuts.

L'appareil mis en observation dans l'ascension

Fig. 23.

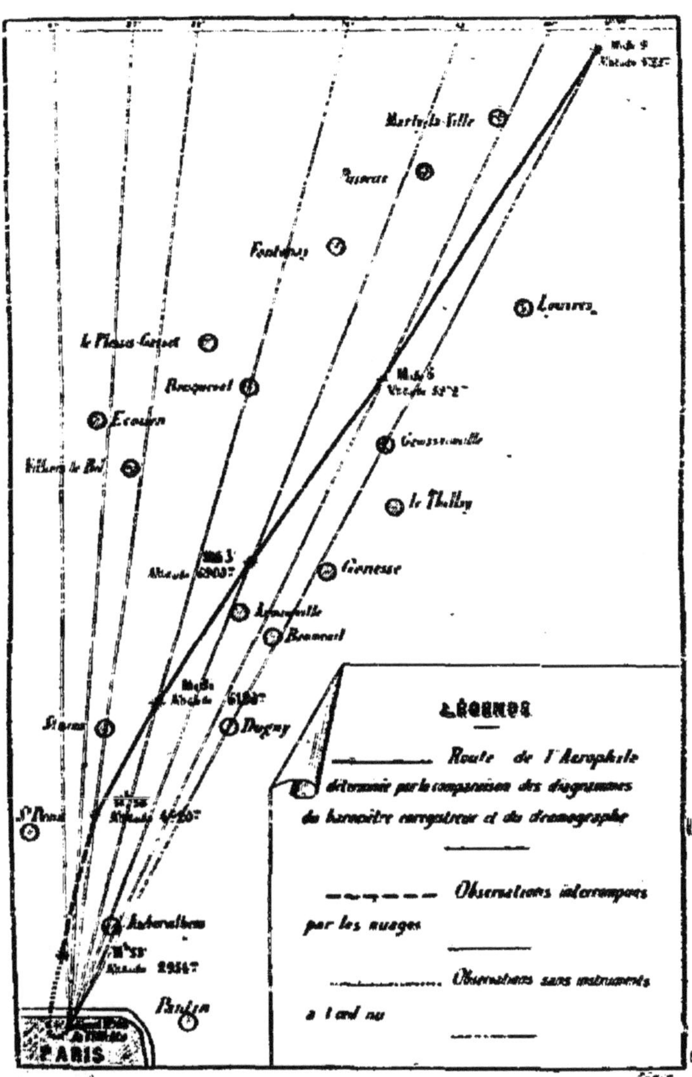

Résultats obtenus avec l'*Aérophile* dans l'ascension du 5 août 1896 en comparant les résultats de l'observation faite à l'usine de la Villette avec les diagrammes barométriques.

du 5 août 1896 a produit des résultats très suffisants pour se rendre compte de la marche du ballon-sonde pendant tout le temps qu'il est resté visible (*fig.* 23).

Tous les triangles rectangles ont pu être résolus graphiquement en employant la hauteur métrique tabulaire fournie par l'enregistreur de l'*Aérophile*. Si le dromographe avait été placé au sommet de la tour Eiffel, on aurait certainement pu observer le ballon-sonde jusqu'à la descente.

Nous allons montrer, par un exemple choisi dans l'histoire des ascensions du 14 novembre, un fait saillant, qui prouve combien il est intéressant de viser les ballons pendant le plus long temps possible, en se plaçant avec une bonne lunette sur un point aussi élevé que la dernière plate-forme de la tour Eiffel.

Notre *fig.* 24 représente deux courbes tracées par les enregistreurs des ballons allemands. La petite appartient au *Cirrus*, de M. Assmann, et la grande au *Strassburg*, de M. Hergesell.

L'inspection de la courbe de Berlin montre que le ballon n'a pas fait explosion, comme le bruit en avait couru. S'il n'est point resté un temps appréciable au sommet de sa trajectoire, c'est probablement parce que l'étoffe caoutchoutée n'était pas imperméable. Racornie et fissurée par le froid, elle ne tenait point l'hydrogène.

Le ballon de Strasbourg, dont l'imperméabilité

était suffisante, a plané pendant quelques instants; mais, avant d'arriver au sommet de sa trajectoire, il avait éprouvé un accident. Il est probable qu'il avait traversé un nuage qui flottait à 4000^m ou 5000^m de la Terre, et qui avait une certaine épais-

Fig. 24.

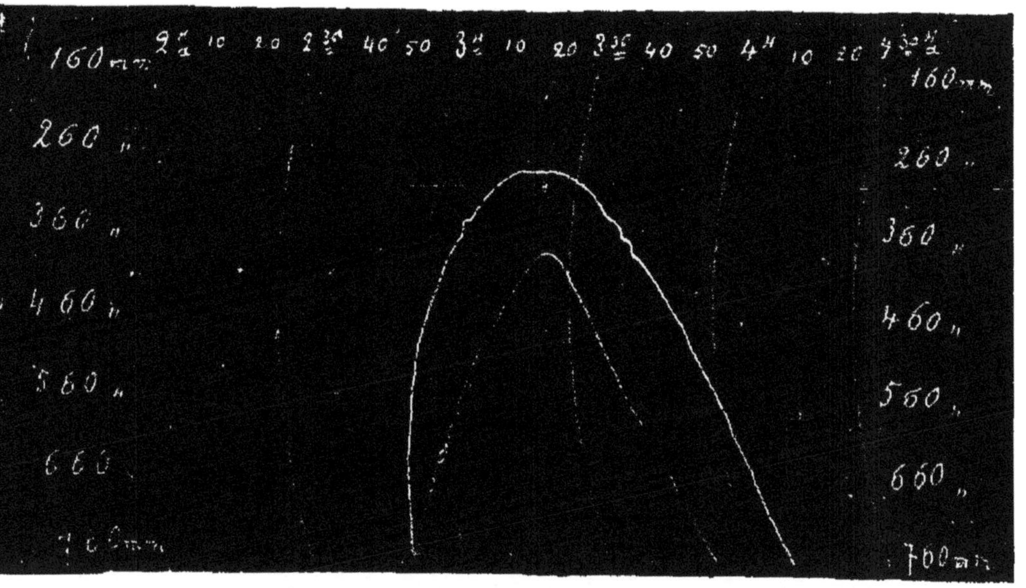

Courbes barométriques des ballons-sondes allemands dans l'expérience du 14 novembre 1896. La grande courbe est celle du *Strassburg* et la petite celle du *Cirrus* de Berlin.

seur. C'est à cette mauvaise rencontre que l'on peut attribuer les trois ondulations qui se retrouvent dans la branche descendante aussi bien que dans la branche ascendante. Du reste, le thermomètre a donné à ce moment des résultats parfaitement inexplicables sans cette circonstance, car la température s'est brusquement élevée de — 30° à 0° (*fig.* 25).

Pour être complètement fixé à cet égard, il faudrait avoir suivi le ballon pendant tout le temps de l'ascension, ce que l'on peut faire facilement quand le ciel est à peu près pur.

Fig. 25.

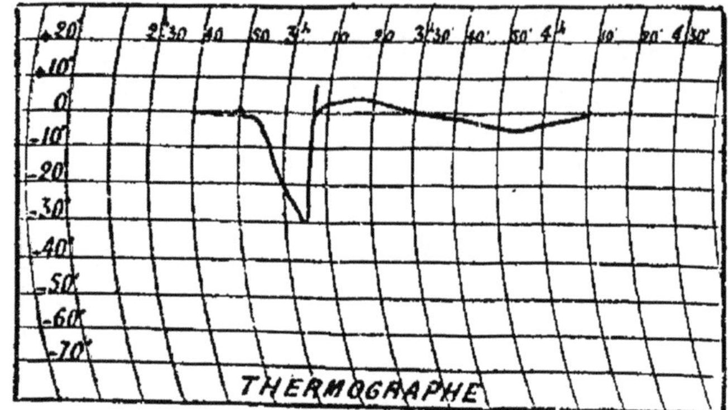

Thermographe de l'ascension du *Strassburg*.
14 novembre 1896.

Si aucun choc extraordinaire ne s'est produit, on doit attribuer purement et simplement la présence de ce trait vertical à un arrêt de l'horloge. Le diagramme ne s'étant pas déplacé pendant quelques minutes, les variations de la température se sont inscrites suivant la même ordonnée. Elles ont donc paru avoir lieu en un temps nul, c'est-à-dire instantanément.

C'est ce qui fait qu'il est prudent de joindre toujours aux enregistreurs des instruments simples, donnant des indications restreintes, mais d'une marche sûre comme les thermomètres à minima photographiques, dont MM. Hermite et Besançon

Fig. 26.

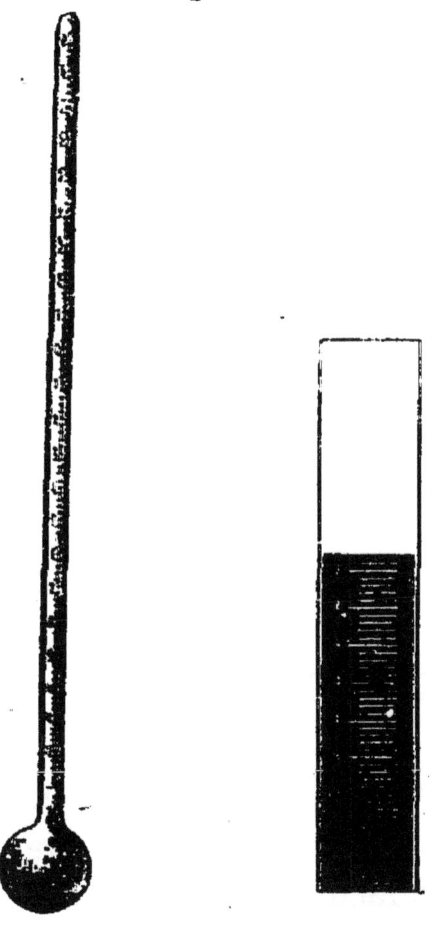

Thermomètre à minimum, épreuve négative. La partie du papier sensibilisé, protégée constamment par le mercure, reste en blanc. Dans le reste de l'échelle, les graduations marquées en noir sur le verre restent visibles.

ont fait usage dans leurs premières ascensions, ainsi que l'avons rapporté. Comme on le voit par le dessin ci-contre (*fig.* 26), le poids de ces appareils ingénieux étant pour ainsi dire nul, il n'y a aucune raison pour ne pas les employer dans chaque ascension internationale, concurremment avec les appareils enregistreurs que nous avons décrits et dont le poids est beaucoup plus considérable, quoi qu'ils soient tous fort légers.

En résumé, les opérations aérostatiques exécutées par MM. Hermite et Besançon depuis qu'ils opèrent avec de grands ballons sont au nombre de dix, dont nous avons résumé les principaux résultats dans un Tableau synoptique (p. 88-89) faisant suite à celui dans lequel les premières expériences ont été résumées.

Si la détermination de la température à l'ombre offre un intérêt croissant, ce n'est pas, à proprement parler, celle de l'air de plus en plus rare, c'est celle du milieu planétaire dont on s'approche de plus en plus que l'on s'efforce de deviner.

Dans ces hautes régions il y a un autre élément également capital et que l'on ne peut déterminer que d'une façon tout à fait imparfaite sans l'usage des ballons, c'est la constante solaire, c'est-à-dire la quantité de chaleur que produisent les rayons solaires sur un objet qu'ils frappent directement.

La solution de ce problème a été confiée à M. Violle, professeur de Physique au Conserva-

Tableau des expériences exécutées dans les

NUMÉROS.	DATES.	VOLUME du ballon.	NATURE de l'enveloppe.	APPAREILS ENLEVÉS.	POIDS total.	HEURE du départ.
		mc			kg	
1	21 mars 1893.	113	Baudruche.	2 barothermographes et un distributeur.	17	Midi 25.
2	27 sept. 1893.	113	Baudruche.	Barothermo ext., thermographe intérieur.	17,520	11h mat.
3	20 oct. 1895.	180	Baudruche.	Barothermo, thermographe, baromètre minima, thermomètre photographique, un appareil à prise d'air.	27.750	10h 30 mat.
4	22 mars 1896.	180	Baudruche.	Barothermographe, appareil à prise d'air.	31,774	11h 30 mat.
5	5 août 1896.	380	Soie spéciale.	Barothermo ext., thermographe intérieur.	56,423	11h 45 mat.
6	14 nov. 1896.	380	Soie spéciale.	Un barothermographe.		2h 6 mat.
7	18 févr. 1897.	460	Soie spéciale.	2 barothermogr. à prise d'air extérieur, thermographe intérieur.	45,424	10h 12 mat.
8	13 mai 1897.	460	Soie spéciale.	Un barothermographe extérieur, un autre intérieur.	52,531	3h 33 mat.
9	13 mai 1897.	180	Baudruche.	Appareil à prise d'air, baromètre à minima, thermographe.	34,996	4h soir.
10	13 mai 1897.	48	Soie spéciale	Un barothermohygromètre enregistreur.	13,709	4h 35 soir.

(1) Interruption des diagrammes par suite de la congélation de l'encre. — Pas de panier parasoleil.

(2) Interruption du diagramme barométrique par congélation de l'encre à 8600m. Diagramme thermométrique interrompu à 40° C.; reprise des diagrammes vers 4000m à la descente. — Explosion et destruction complète du ballon à l'atterrissage.

ballons en soie spéciale dits « Aérophiles ».

LIEU de l'atterrissage.	HEURE de l'atterrissage.	AZIMUT.	DURÉE.	DISTANCE.	VITESSE HORIZ. moy. à l'heure.	PRESSION au point culmin.	TEMPÉRATURE minima.	VITESSES verticales en mètres p. seconde.	
								Départ.	Atter.
				km	km	mm		m	m
Chamvres, pr. Joigny (Yonne).	7h 11 soir.	SE	6h 46	120	17,6	103	— 51° (1)	8,60	2,30
Graffenhausen (Forêt-Noire).	4h 22 soir.	SE	5h 22	450	84,0		(2)	7	2
Chaintreaux.	1h 15 soir.	SE	2h 45	115	36,6	109	— 70°	5,50	2,75
Niergnies, près Cambrai.	3h 5 soir.	NE	3h 35	160	44,6		— 63°	9	
Niedermiebach (Prusse Rhén.)	4h 31 soir.	NE	4h 46	430	90,3	135	— 50°	6,30	2,25
Graide, p. Dinant (Belgique)	7h 29 mat.	NE	4h 23	220	36,0	115	— 60°	8	6
Méharicourt (Chaulnes).	Midi 35 s.	NNE	2h 23	105	43,7	108	— 66° (3)	12	2
Castelletto-Villa, p. Novare (Italie).	3h 25 soir.	SE	11h 52	600	50	85	— 44° (4)	»	»
Egreuil, près Château-Chinon.	6h 40 soir.	SE	2h 40	240	90	170	— 50°	»	»
Dicy, arrondis. de Joigny.	6h soir.	SE	1h 25	120	84,7	325	— 28°	3,50	»

(3) Ballon allongé; trainage de 5km à l'atterrissage dans le brouillard. Diagrammes maculés par la boue.

(4) Cette température est celle du thermomètre extérieur ; celle du thermomètre intérieur est à peu près au même instant de — 60°. Plus tard elle se relève et, sous l'influence du rayonnement solaire, remonte à + 28°.

toire des Arts et Métiers, où il occupe la chaire illustrée par Pouillet et les Becquerel, et membre de la section de Physique de l'Académie des Sciences.

Ce savant va donc employer un actinomètre disposé de manière à subir l'action de l'irradiation solaire pendant tout le temps que le ballon planera au-dessus des nuages.

Mais, avant d'essayer cet appareil dans une ascension libre, il est prudent de l'expérimenter dans une ascension montée.

Cet actinomètre sera de plus à enregistrement continu. Si l'horloge peut être renfermée dans l'intérieur du ballon, elle sera protégée d'une façon complète contre le froid des hautes régions. Si ce procédé réussit, on sera tout à fait débarrassé des arrêts d'horloge qui ont produit déjà de si grandes perturbations dans les observations recueillies jusqu'ici, et contre lesquelles les chaufferettes à l'acétate sont loin de suffire. En effet, il faudrait que leur effet pût s'étendre sur toute la durée d'une ascension prolongée pendant un nombre d'heures assez grand.

L'utilisation de la chaleur solaire ne peut être négligée dans les expériences d'aérophiles, c'est ce qui fait que nous préférons les ascensions diurnes, tandis que les Allemands ont une propension bien marquée pour les ascensions nocturnes. Cette divergence dans les points de vue ne peut produire d'effets fâcheux, si l'on tient compte de l'excellent esprit dont tous les coopérateurs sont animés, mais elle doit pourtant être signalée.

Les déterminations du pouvoir actinique du soleil avec les instruments imaginés par M. Violle seront exécutées dans des ascensions spéciales en dehors de la série internationale dont nous allons nous occuper plus spécialement. Les résultats de ces expériences seront communiqués aux autres membres de la Commission internationale, dans des sessions générales qui, suivant toute probabilité, se tiendront périodiquement.

IV.

LES ASCENSIONS INTERNATIONALES.

On peut dire que l'organisation des ascensions internationales doit être rapportée à celle de la grande administration scientifique chargée non seulement de recueillir les renseignements que l'on réunit dans les différentes stations, mais de les combiner de manière à rédiger, en prévision du temps, des avis utiles aux navigateurs et aux agriculteurs.

C'est, comme on le sait, à Le Verrier que revient l'honneur de la création du Service météorologique international, qui n'est en réalité que l'art d'appliquer le réseau télégraphique universel à la prévision du temps, à l'aide de la comparaison instantanée des renseignements recueillis sur une portion considérable des continents. La pratique ne tarda pas à constater que la solution du problème était beaucoup plus compliquée que ne le supposait l'illustre astronome. En effet, la route suivie par les bourrasques n'a rien de la régularité qui caractérise la marche des comètes et surtout des planètes. La connaissance de la route qu'elles ont parcourue à la surface de la Terre ne suffit pas pour déterminer celle qui leur reste à suivre avant de se dissoudre ou de disparaître dans les régions supérieures de l'air.

On a reconnu que les observations faites à terre, quelque utiles qu'elles soient, ne suffisent nullement pour découvrir les lois qui président à l'évolution des troubles atmosphériques et dont la connaissance est indispensable pour que les avis rédigés en prévision du temps acquièrent une rigueur et une précision réellement scientifiques.

Mais l'idée était si rationnelle et si féconde que le réseau d'observatoires, primitivement limité à une petite portion de l'Europe, s'étend de jour en jour. Afin d'améliorer diverses parties de l'important service qui leur a été confié, les directeurs des différents services nationaux ont pris, depuis un quart de siècle, l'habitude de se réunir assez fréquemment dans des conférences successivement convoquées dans les différentes capitales. C'est dans la dernière de ces assemblées générales de la Météorologie officielle que la proposition d'employer les ascensions aérostatiques simultanées à l'appréciation d'une situation atmosphérique a été accueillie de la façon la plus encourageante pour l'avenir de l'Aérostation.

Ayant appris que la conférence de 1896 devait se réunir le 17 septembre à Paris, la rédaction de l'*Aérophile* a adressé à M. le Ministre de l'Instruction publique une requête exprimant le désir que l'Aéronautique française fût représentée dans cette réunion, au sein de laquelle figureraient plusieurs météorologistes étrangers, qui ont exécuté des ascensions en ballon, et qui connaissent par conséquent tout le parti que l'on peut tirer des aérostats pour l'exploration de l'atmosphère. Reconnaissant la justesse de ces réclamations, M. Rambaud a décidé que la rédaction de l'*Aérophile* serait autorisée à déléguer un de ses membres, qui ferait partie de la conférence.

Mes collègues ayant bien voulu porter leur choix sur ma personne, cette résolution a été agréée par la Commission dans le sein de laquelle j'ai pris séance, à côté des savants célèbres qui dirigent les principaux observatoires météorologiques des deux hémisphères, et de quelques physiciens éminents, qui ont fait de la Météorologie l'objet principal de leurs travaux. Grâce au bienveillant appui de M. Mascart, président de la Commission, et de M. Von Bezold, directeur de l'Institut météorologique de Berlin, la conférence adopta à l'unanimité la proposition qui lui fut faite de constituer une Commission internationale chargée de procéder à l'exploration de la haute atmosphère par les procédés employés pour la première fois par MM. Hermite et Besançon.

La présidence de cette Commission fut confiée à M. Hergesell, directeur du Bureau central d'Alsace-Lorraine et qui avait déjà exécuté plusieurs explorations aériennes fort intéressantes. Elle fut composée de M. le général Pomoztzeff, de Saint-Pétersbourg, de M. Erk, directeur de l'Observatoire météorologique de Munich, de M. Assmann, de Berlin, de M. Rotch, directeur de l'Observatoire de Blue-Hill, près de Boston, et de M. Hermite. Ultérieurement la Commission s'est adjoint M. Andrée, de Stockholm, M. le capitaine Kovanko, directeur de l'Établissement aérostatique militaire de Saint-Pétersbourg, MM. Cailletet, membre de l'Institut, Besançon, Jaubert, directeur des services météorologiques de la Ville de Paris, Berson, rédacteur en chef de la *Luftschiffahrt* de Berlin ; MM. James Glaisher et Gaston Tissandier ont été nommés membres honoraires.

Les résultats des ascensions du 14 novembre ont été publiés d'une façon définitive et authentique de manière à servir de base sérieuse à des discussions scientifiques qui ont déjà commencé et seront continuées, au fur et à mesure que les expériences se succéderont.

Tableau des ascensions exécutées le 14 novembre 1896 (¹).

BALLONS.	LIEU de l'ascension.	TEMPS DE PARIS.		DURÉE du voyage.	DIRECTION première.	ATTERRISSAGE.			VITESSE moyenne en minutes.
		Départ.	Atterrissage.			Lieu.	Distance.	Direction du voyage.	
Bussard *........	Schöneberg, près Berlin.	1h53mat.	1h 32 soir	11h 39	NO	Volkshagen, près Ribnitz.	206km	NNE	4.9
Ballon-Sonde	Saint-Pétersbourg.	1 59 »	2 8 mat.	» 9	?	?	?	?	
Cirrus	Schoneberg, près Berlin.	2 0 »	2 59 »	» 59	NO	Grunevald, près Berlin.	12	O	3.4 ?
Strela *	Varsovie.	2 0 »	10 15 »	8 15	SSE	Brzozow (Galicie).	300	SSE	10.1
Strassburg	Strasbourg.	2 4 »	3 19 »	1 15	NNE	Lauf, près Achern.	53	NE	7,3
L'Aérophile III *.	Paris.	2 6 »	7 29 »	1 23	NE	Graide, près Namur.	235	NE	12.1
Le Général Wannowsky *.......	Saint-Pétersbourg.	2h53 »	9 38 »	6 45	SSO	Pskow.	220	SSO	9.1
Akademie *......	Munich.	5h43 »	12 51 soir	7 8	E	Etzdorf, près Lungitz.	200	E	7.8

(¹) Traduit de la *Luftschiffahrt*, numéro du mois de février. — * Les ballons montés sont distingués par une astérisque.

Expérience internationale du 14 novembre. — Résultats des ballons-sondes (¹).

(a) *Aérophile III*, Paris.

TEMPS de Paris.	HAUTEUR en mètres.	TEMPÉRAT. en degrés C.	TEMPS de Paris.	HAUTEUR en mètres.	TEMPÉRAT. en degrés C.	TEMPS de Paris.	HAUTEUR en mètres.	TEMPÉRAT. en degrés C.
2h 6m mat.	0	+ 5,0	3h 55m mat.	12750	— 54,0	5h 45m mat.	11000	— 59,5
10 »	2065	+ 1,0	4h 0m mat.	12700	— 54,5	50 »	10900	**— 59,8**
15 »	4290	— 7,0	5 »	12650	— 54,8	55 »	10700	— 59,7
20 »	6890	— 17,5	10 »	12600	— 55,0	6h 0m mat.	10370	— 59,0
25 »	8635	— 28,0	15 »	12590	— 55,0	5 »	10000	— 58,0
30 »	10500	— 41	20 »	12540	— 55,0	10 »	9900	— 57,0
35 »	12000	— 52	25 »	12500	— 55,0	15 »	9630	— 56,5
38 »	12700	— 54	30 »	12450	— 55,5	20 »	9360	— 55
40 »	13200	— 53	35 »	12400	— 56,0	25 »	8950	— 54
45 »	13350	— 52,5	40 »	12360	— 56,0	30 »	8560	— 52
50 »	13450	— 52,0	45 »	12260	— 56,5	35 »	8030	— 48
55 »	**13730**	— 52,0	50 »	12100	— 57,0	40 »	7500	— 43,5
3h 0m mat.	13650	— 52,5	55 »	11900	— 57,0	45 »	7200	— 40
5 »	13350	— 53,0	5h 0m mat.	11800	— 57,0	50 »	6590	— 35
10 »	13350	— 53,0	5 »	11700	— 57,5	55 »	6090	— 30
15 »	13300	— 53,0	10 »	11650	— 57,5	7h 0m mat.	5370	— 26
20 »	13200	— 53,0	15 »	11650	— 57,8	5 »	5120	— 22,5
25 »	13100	— 53,5	20 »	11600	— 58,0	10 »	4660	— 19
30 »	13070	— 53,5	25 »	11400	— 58,0	15 »	3340	— 12,5
35 »	13000	— 53,5	30 »	11280	— 58,5	20 »	2750	— 6
40 »	12800	— 54,0	35 »	11250	— 59,0	25 »	1770	— 1
45 »	12800	— 53,5	40 »	11150	— 59,0	29 »	0	+ 3,0
50 »	12800	— 54,0						

(¹) Extrait de la *Luftschiffahrt* du 2 février 1897, p. 44.

(b) Strassburg, Strasbourg.

TEMPS de l'Europe centrale.	TEMPS de Paris.	PRESSION barométrique en millim.	HAUTEUR en mètres.	TEMPÉRATURE en degrés C.	TEMPÉRATURE probable (*).	TEMPS de l'Europe centrale.	TEMPS de Paris.	PRESSION barométrique en millim.	HAUTEUR en mètres.	TEMPÉRATURE en degrés C.	TEMPÉRATURE probable *.
mat.	mat.					mat.	mat.				
2h 55m	2h 4m	749	140	+ 2,0		3h 35m	2h 44m	305	6870	+ 2,0	− 35
57	6	685	855	− 2,0		37	46	320	6530	+ 1,6	− 33,5
59	8	600	1920	− 1		39	48	335	6215	+ 1,4	− 32
3h 1m	10	558	2400	− 3		41	50	345	6005	+ 1,0	− 31
3	12	485	3580	− 9		43	52	360	5710	+ 0,5	− 30
5	14	450	4150	− 12		45	54	378	5370	0,0	− 26
7	16	420	4620	− 20		47	56	390	5140	− 0,5	− 25
9	18	385	5235	− 26	rund	49	58	405	4890	− 1,0	− 23
11	20	360	5710	− 30		51	3h 0m	420	4620	− 1,5	− 20
13	22	345	6005	0	− 31	53	2	440	4300	− 2,0	− 15
15	24	312	6710	+ 2	− 34	55	4	460	3990	− 2,5	− 10
17	26	292	7175	+ 2,5	− 36	57	6	487	3550	− 3,0	− 8
19	28	280	7465	+ 3,0	− 37	59	8	495	3430	− 3,5	− 7
21	30	275	7590	+ 3,0	− 38	4h 1m	10	530	2890	− 3,8	− 5
23	32	**273**	**7640**	+ 2,5	− 38	3	12	560	2460	− 3,5	− 3
25	34	273	7640	+ 2,5	− 38	5	14	600	1920	− 3,0	− 1
27	36	275	7590	+ 2,4	− 38	7	16	650	1280	− 2,5	0
29	38	280	7465	+ 2,3	− 37	9	18	705	625	− 2,0	− 2
31	40	283	7390	+ 2,2	− 37	11	20	740	235	− 1,5	− 0
33	42	290	6225	+ 2,1	− 36						

(*) Cette température a été calculée par M. Hergesell pour remplacer la partie de la courbe barométrique qui n'a point été tracée à la suite de l'accident relaté à la p. 84.

(c) *Cirrus*, Berlin.

TEMPS de l'Europe centrale.	TEMPS de Paris.	PRESSION en millimètres.	HAUTEUR en mètres.	TEMPÉRATURE en degrés C.
a. m. 2h 51m	a. m. 2h 0m	761	45	— 2,7
52	1	741	220	— 3,8
54	3	685	880	— 5,7
56	5	637	1455	— 6,7
58	7	588	2090	— 3,0
3h 0m	9	543	2717	— 5,3
2	11	505	3286	— 9,0
4	13	474	3780	— 11,5
6	15	448	4180	— 13,4
8	17	419	4690	— 16,8
10	19	397	5060	— 20,2
12	21	383	5300	— 22,0
14	23	366	5640	— 23,5
16	25	359	5743	— 24,7
18	27	**357**	**5815**	**— 26,0**
20	29	376	5370	— 23,3
22	31	393	5076	— 21,8
24	33	413	4710	— 19,1
26	35	437	4300	— 16,1
28	37	466	3835	— 11,2
30	39	492	3450	— 9,5
32	41	515	3100	— 6,6
34	43	538	2780	— 4,1
36	45	558	2500	— 3,0
38	47	583	2205	— 5,2
40	49	605	1860	— 6,8
42	51	639	1430	— 4,3
44	53	668	1086	— 2,0
46	55	692	810	
48	55	717	530	
50	97	762	40	

(*d*) *Ballon-Sonde*, Saint-Pétersbourg.

TEMPS de l'Europe centrale.	TEMPS de Paris.	PRESSION en millimètres.	HAUTEUR en mètres.	TEMPÉRATURE en degrés C.
a. m. 3h 51m	a. m. 1h 59m	740	240	— 6
52	2h 0m	615	1700	— 8
54	2	630	1500	— 13
56	4	660	1100	— 12
58	6	690	780	— 8
4h 0m	8	740	240	— 8

Nous avons cru rendre service à nos lecteurs en réunissant tout ce qui a trait aux ballons-sondes, et en donnant les principales indications relatives aux ballons montés. Ce qui a trait à ces derniers se trouve inséré dans la *Luftschiffahrt* de Berlin.

Les ascensions du 14 novembre, les seules qui aient encore été étudiées comme le seront successivement les trois qui ont été exécutées depuis, et celles qui les suivront, ont fourni à M. Hergesell l'occasion de produire une théorie fort digne d'attirer l'attention.

Ce savant a remarqué que la température de l'air φ n'est jamais u, le degré marqué par l'enregistreur. Il a représenté la différence par l'expression $\frac{B}{V}\frac{du}{dt}$, V étant la vitesse d'ascension, $\frac{du}{dt}$ la variation de la valeur thermométrique enregistrée en fonction du temps, B est un coefficient numérique que seule l'expérience peut arriver à déterminer. Pour calculer ce coefficient, il admet qu'à l'altitude de 11170^{m}, à laquelle V égalait 200^{m} par minute dans l'ascension du ballon-sonde français, la valeur de $u = -46$ et celle de $\varphi = -60$. A l'aide de ces hypothèses, on arrive pour B à la valeur 1856. La valeur de la correction peut donc être calculée pour toutes les altitudes et la répartition des températures vraies déterminée.

C'est ainsi que M. Hergesell a tracé le Tableau ci-après (p. 102) où il a inscrit les altitudes et les températures corrigées, ce qui lui a permis d'arriver aux résultats suivants :

Répartition de la chaleur dans la haute atmosphère, d'après les indications corrigées par le docteur Hergesell.

Comparaison des altitudes et des températures.

ALTITUDE EN KILOMÈTRES :

0 1 2 3 4 5 6 7 8 9 10 11 12 13 14

TEMPÉRATURE.

5° +1 —3 —7 —10 —15 —20 —26 —33 —42 —51 —59 —66 —73? —80?

GRADIENT DE LA TEMPÉRATURE calculé par chaque couche de 1000^{m} :

0,4 0,4 0,4 0,3 0,5 0,5 0,6 0,7 0,9 0,9 0,8 0,7 0,7 0,7

GRADIENT DE LA TEMPÉRATURE calculé pour toutes les hauteurs à partir du niveau de la mer :

0,4 0,4 0.4 0,4 0,4 0,4 0,4 0,5 0,5 0,55 0,6 0,6 0,6 0,6

Résultats des mesures thermométriques enregistrées par le ballon-sonde français.

VALEURS CORRIGÉES D'APRÈS LA MÉTHODE DE CALCUL DU Dr HERGESELL.

PHASES.	TEMPS.	U	$\frac{dU}{dt}$		v	$\alpha = \frac{1856}{v}$	$\alpha \frac{dU}{dt}$	φ	h
Ascendante...	2h 6m	— 5°		Moyenne — 1,9	m			— 5°	—
	10	— 1	— 1,2		500	3,7	— 4,4	— 3,4	2220
	15	— 6	— 1,7		500	3,7	— 6,3	— 12,3	4380
	20	— 16	— 2,3		500	3,7	— 8,5	— 24,5	6880
	25	— 28	— 2,4		500	3,7	— 8,9	— 36,9	8680
	30	— 40	— 2,3		346	5,4	— 13.0	— 53,0	10410
	35	— 51	— 1,6		264	7,3	— 11,7	— 62,7	11730
	40	— 54							14140
Descendante...	6h30	— 52	0,5	Moyenne 0,8	100	18.6	— 14,9	— 37	8720
	35	— 49	0,8		100	18,6	— 14,9	— 34	8160
	40	— 44	0,8		100	18,6	— 14,9	— 29	7420
	45	— 41	0,9		100	18,6	— 14,9	— 26	7080
	50	— 35	1,0		100	18,6	— 14,9	— 20	6660
	55	— 31	0,9		100	18,6	— 14,9	— 16	6030

U = la température donnée par l'enregistreur ; v = la vitesse de l'ascension en mètres par minute ; φ = la température réelle de l'air ; et $\frac{dU}{dt}$ = la valeur de correction calculée d'après la méthode du Dr Hergesell.

Les ascensions du 14 novembre ont été également étudiées à Berlin par le savant qui les a dirigées.

Dans la *Luftschiffahrt,* M. Assmann ne s'est pas tant attaché à déterminer la loi des erreurs qu'à démontrer que les températures enregistrées présentent des écarts considérables dans la phase ascendante et dans la phase descendante. Ces écarts sont manifestés d'une façon évidente dans les diagrammes que la *Luftschiffahrt* a publiés dans son numéro d'avril 1897.

Ce résultat n'a rien qui doive nous surprendre. En effet, on sait que tout thermomètre, en ascension, donne des températures trop élevées, et que lorsqu'il est en descente il donne des températures trop basses.

L'écart doit être d'autant plus considérable que la vitesse de l'aérostat est plus grande. Mais comme cette vitesse va elle-même en diminuant pour devenir nulle lorsque l'aérostat arrive à sa culmination, il est clair qu'il y a une portion de la courbe (*fig.* 27) où la différence entre la température de l'air et celle du thermomètre est très faible si l'on opère avant le lever du Soleil. C'est ce qui fait qu'à l'altitude de 11 625^{m} la vitesse n'était que de 200^{m} par minute. M. Hergesell a cru devoir prendre cette partie comme base de la formule de correction que nous venons d'exposer.

Il est probable que pendant la période du planement et des faibles oscillations la température de

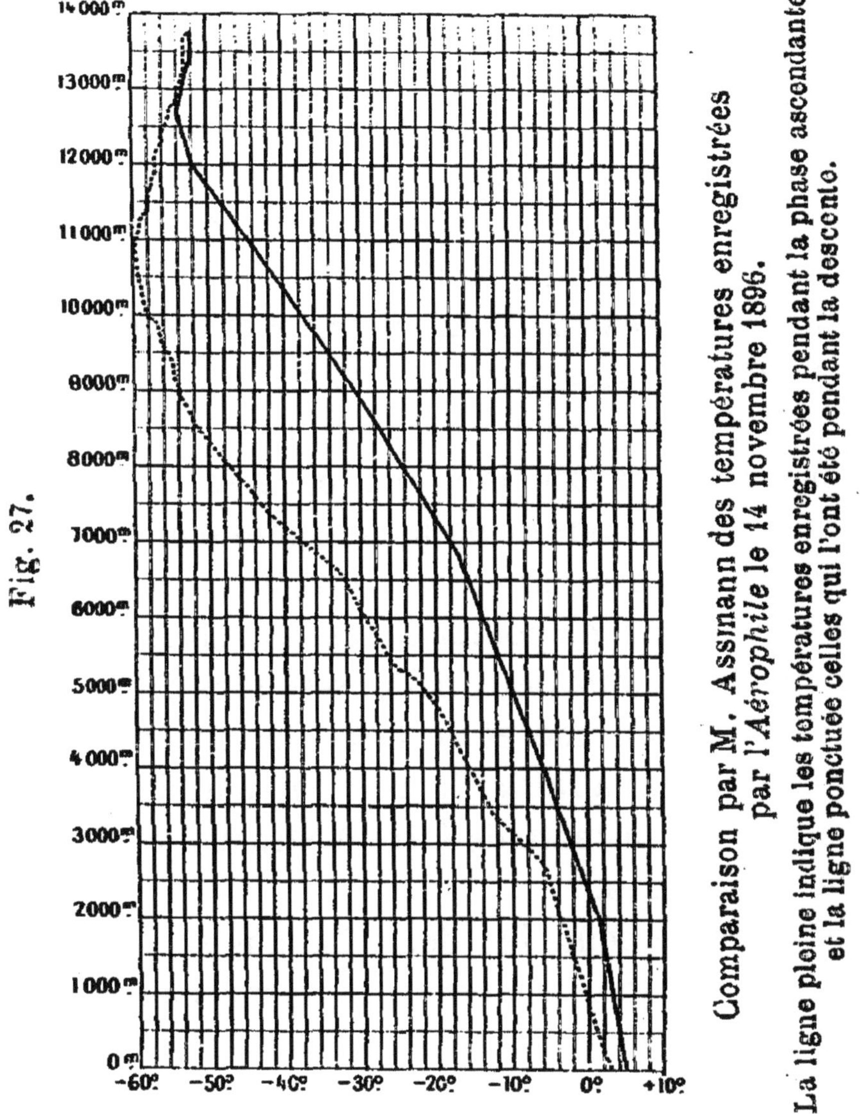

Fig. 27.

Comparaison par M. Assmann des températures enregistrées par l'*Aérophile* le 14 novembre 1896.

La ligne pleine indique les températures enregistrées pendant la phase ascendante et la ligne ponctuée celles qui l'ont été pendant la descente.

l'air est à peu près celle que marquent les enregistreurs, et qu'il y a donc une portion notable de la courbe où l'on peut considérer cette température comme représentée avec une exactitude suffisante.

Afin de déterminer l'influence de la vitesse de l'ascension et, en général, l'exactitude des enregistrements, on peut employer simultanément deux procédés. En premier lieu, lancer des ballons montés en même temps que des ballons-sondes. En effet, on verra sur un arc de courbe qui peut être assez étendu quel est l'écart entre les températures marquées par l'enregistreur et celles qui ont été déterminées directement. Si nous ne nous livrons point à ce premier travail, c'est qu'il n'y a pas encore eu d'ascensions montées à Paris et qu'à Berlin les ascensions de ballons-sondes n'ont point donné jusqu'à présent de résultats bien sérieux.

En second lieu, on pourra lancer simultanément de la même station deux ballons-sondes différant entre eux de volume et de force ascensionnelle. C'est ce que l'on a fait à Paris, le 13 mai dernier, et ce que l'on a tenté de faire à Strasbourg dans la même journée.

Malheureusement, les deux ballons-sondes de Paris n'ont point été lancés à la même heure, de sorte que la comparaison des résultats obtenus par l'enregistrement ne peut être utilisée pour leur rectification réciproque.

M. Hergesell avait eu l'excellente idée d'organiser une opération de ce genre, mais l'un des ballons-sondes a été arraché au moment où l'on allait y attacher les instruments.

Les aéronautes de Pétersbourg, ayant à leur disposition deux ballons-sondes comme ceux de Paris et ceux de Strasbourg, il est probable qu'ils arriveront à combiner leurs lancers de manière à obtenir les lois de correction que l'on recherche, et que l'on parviendra à déterminer précisément à cause de la diversité des indications.

Bien entendu, il faut supposer que les instruments sont de fabrication identique et ont une marche comparable dans les limites du possible.

Comme on le voit par les explications sommaires dans lesquelles nous entrons, le nombre des combinaisons nouvelles va en se multipliant d'une façon remarquable. La Commission internationale n'a pas une année d'existence et il est difficile de tracer un tableau, même sommaire, de tous les travaux qui s'exécutent et de toutes les idées pratiques qui se développent par la discussion à laquelle personne n'aurait songé si les physiciens de France, d'Allemagne et de Russie ne s'étaient trouvés rapprochés dans un effort unique.

Une seconde Commission, exclusivement française, a été formée sous la présidence de M. Bouquet de la Grye, membre de l'Académie des Sciences. Elle est composée de M. Mascart, M. Cailletet, M. J. Violle, membres de l'Académie des Sciences, M. Besançon, M. Hermite, le prince Roland Bonaparte, le commandant Krebs, M. Teisserenc de Bort, directeur de l'Observatoire de Trappes, M. Angot, directeur du Service de climatologie au Bureau central de France; elle a pour but spécial d'assister de ses conseils les deux physiciens aéronautes qui, dans cette lutte pacifique, représentent l'Aéronautique française. De même que la Commission internationale, elle m'a fait l'honneur de me choisir pour son Secrétaire. C'est à elle qu'incombe le soin de diriger les opérations scientifiques et de procurer à MM. Hermite et Besançon les ressources nécessaires pour continuer leurs expériences. L'influence de tant de savants distingués s'est fait immédiatement sentir de toutes façons.

Sur la proposition faite par M. Berthelot à la Commission administrative, l'Académie des Sciences a accordé à MM. Hermite et Besançon une subvention pour procéder à une expérience internationale qui a été exécutée dans la matinée du 13 mai, et dans laquelle le ballon-sonde français est descendu dans les environs de Novare (Italie), après être parvenu à une altitude de près de 18000^{m} et constaté une température de 44° au-dessous de zéro.

De nouvelles ressources mises à la disposoiitn

de la Commission française sont venues lui permettre de continuer ses travaux, indépendamment des résultats de la souscription publique dont MM. Hermite et Besançon ont jeté les bases, d'après les conseils de quelques amis.

M. de Balashoff, citoyen russe, a acheté un ballon en soie de 1700^{mc}, dont il a fait hommage à M. Mascart, et que celui-ci a offert à la Commission pour servir à ses ascensions scientifiques.

Le prince de Monaco, correspondant de l'Académie des Sciences, a annoncé qu'il accorderait la subvention nécessaire pour exécuter de nouvelles expériences de ballons-sondes.

Le prince Roland Bonaparte a également déclaré qu'il ferait les frais de l'ascension montée dans laquelle seront essayés les divers instruments imaginés par MM. Cailletet et Violle, afin de figurer dans les concours internationaux lorsque la série des expériences nocturnes étant terminée, on passera à l'exécution de celles qui auront lieu en plein jour.

L'attention des physiciens de Russie et de Berlin s'est portée sur un moyen simple de tempérer la vitesse des ascensions dans les premiers moments. Ce procédé consiste à employer un sac de délestage. M. le capitaine Kovanko, de Pétersbourg, a même imaginé un procédé des plus ingénieux pour se débarrasser du sac lui-même. Dans ce but on l'attache au ballon par l'intermédiaire d'un déclic, de telle sorte qu'un ressort joue et le laisse tomber lorsque, par suite de la vidange progressive, son poids est suffisamment allégé.

A Paris, on attend les résultats de ces expériences pour modifier un système de lancement, qui, s'il a ses inconvénients, a aussi ses avantages. En effet, c'est parce qu'ils ne l'ont jamais modifié que MM. Hermite et Besançon ont acquis l'habileté remarquable qui leur permet d'opérer à coup sûr et avec une sorte de régularité sur laquelle ils ne croyaient pas eux-mêmes avoir le droit de compter.

Dans l'état actuel des expériences, une partie de la courbe décrite par les enregistreurs donne prise à de sérieuses objections, mais l'autre a été tracée dans d'excellentes conditions. La partie sacrifiée est la plus basse, la moins intéressante, celle que l'on connaît par les observations faites à bord des ballons montés. On a constaté d'une façon sérieuse des températures s'abaissant beaucoup au-dessous des minima observés à la surface de la Terre, fait très important de Physique atmosphérique que niaient au commencement du siècle les savants les plus distingués.

Les ascensions nocturnes que l'on exécute jusqu'ici presque exclusivement dans les expériences internationales sont intéressantes à beaucoup de points de vue, mais elles privent d'observations optiques dont on ne peut évidemment se passer au moment où l'on cherche à créer les instruments et le mode d'interpréter sûrement leurs indications. Il serait peut-être plus sage de les réserver pour l'époque où les expériences étant plus nombreuses, l'art de lire les courbes qu'on rapporte du ciel sera plus avancé qu'il ne l'est encore en ce moment.

Mais la Commission française ne peut, dans la décision qu'elle est appelée à prendre, négliger les désirs des collaborateurs étrangers, dont le zèle est digne des plus grands éloges, et qui arriveront prochainement à exécuter les différentes opérations aérostatiques dont ils sont chargés avec toute la dextérité que MM. Hermite et Besançon doivent non seulement à leurs aptitudes naturelles, mais au grand nombre de lancements auxquels ils ont déjà procédé.

Tous les documents recueillis à Berlin, à Strasbourg, à Paris et à Pétersbourg sont soigneusement conservés. Des photographies authentiques sont envoyées par les soins du Président à tous les coopérateurs qui auront ainsi à leur disposition tous les éléments nécessaires pour déterminer exactement les principaux éléments météorologiques de régions aériennes aussi inaccessibles que les planètes elles-mêmes.

Nous avons commencé un travail d'ensemble sur la relation entre la situation barométrique générale et la direction des vents, telle qu'elle est manifestée par les trajectoires, mais ce Mémoire est trop considérable et d'un intérêt trop spécial pour que nous puissions indiquer dans cet Opuscule les résultats que nous entrevoyons. Si nous ne nous trompons, leur importance sera capitale pour le perfectionnement des méthodes usitées dans la rédaction des avis quotidiens en prévision du temps.

On ne saurait leur refuser un véritable caractère d'opportunité. En effet, nous venons de contresigner une circulaire du Président de la Commission internationale convoquant une des sessions dont nous parlions plus haut, et qui, d'après l'avis de MM. Mascart et von Bezold, ont été jugées indispensables pour tirer un parti complet de toutes les expériences faites jusqu'ici. Les ballons-sondes sont arrivés à un degré de perfection où il est indispensable de déterminer le mode opératoire et les procédés de discussion scientifique que l'on emploiera d'une façon définitive. Jusqu'à l'ouverture des séances, qui aura lieu à la fin de novembre ou au commencement de décembre, les membres de la Commission sont invités à exécuter les essais préliminaires qui pourraient leur fournir des arguments en faveur des expériences qu'ils auraient à conseiller.

Si, comme nous l'espérons, les pages que nous mettons aujourd'hui sous les yeux du public sont accueillies avec quelque intérêt, nous ne négligerons rien pour les compléter et mériter une autre fois d'une façon plus entière la faveur dont nous aurons été l'objet.

Il nous reste à remercier M. Bouquet de la Grye, qui a bien voulu patronner une œuvre dont nous sommes bien éloigné de méconnaître les imperfections et à laquelle nous aurions certainement renoncé, si son appui ne nous avait encouragé à faire de grands efforts pour nous rendre digne de la sympathie dont il nous a donné une preuve précieuse en consentant à écrire la remarquable Introduction qu'on a pu lire en tête de notre modeste Opuscule.

FIN.

TABLE DES MATIÈRES.

FIN DE LA TABLE DES MATIÈRES.

57[illegible] B. — [illegible] Augustins.

BIBLIOTHÈQUE

DES

ACTUALITÉS SCIENTIFIQUES

130 Ouvrages in-18 jésus, ou petit in-8.

(*Voir* le *Catalogue général* ou le *prospectus* détaillé).

DERNIERS OUVRAGES PARUS :

Formation des principaux hydrométéores : *Brouillard, Bruine, Pluie, Givre, Neige, Grésit.* NOUVELLE THÉORIE DE LA GRÊLE; par *J.-R. Plumandon*, météorologiste adjoint à l'Observatoire du Puy-de-Dôme. 1 fr. 25 c.

Lois et origines de l'Électricité atmosphérique; par *Luigi Palmieri*, Directeur de l'Observatoire du Vésuve. Traduit de l'italien par PAUL MARCILLAC et A. BRUNET. Avec figures. 1 fr. 50 c.

Les Ballons dirigeables. Application de l'Électricité à la navigation aérienne; par *Gaston Tissandier*. Avec 35 figures et 4 planches. 2 fr. 50 c.

Les mouvements généraux de l'atmosphère (d'après les mémoires américains de W. Ferrel); par *J.-R. Plumandon*. Avec figures. 1 fr.

Les courants de l'Océan (d'après les Mémoires américains de W. Ferrel); par *J.-R. Plumandon*. Avec une carte en deux couleurs. 1 fr.

La Platinotypie. *Nouveau procédé photographique aux sels de platine*, par *Pizzighelli* et *Hübl*. Traduit de l'allemand par HENRY GAUTHIER-VILLARS. 2e édition, d'après la 2e édition allemande. 3 fr. 50 c.

Cartonné à l'anglaise. 4 fr. 50 c.

Le Nitrate de soude. *Son importance et son emploi comme engrais*, par le Dr *A. Stutzer*. Ouvrage édité et augmenté par le Dr PAUL WAGNER, Professeur et Directeur de la Station agricole de Darmstadt. 2 fr.

Le Filage de l'huile. *Son action sur les brisants de la mer. Aperçu historique, expériences, mode d'emploi*, par M. le vice-amiral *Cloué*, Membre du Bureau des Longitudes. 3e édition. Avec figures. 2 fr. 50 c.

La Genèse des éléments. Mémoire lu le 18 février 1887, à l'Institution royale, par *William Crookes*. Traduit, avec autorisation de l'auteur, par GUSTAVE RICHARD, Ingénieur civil des Mines. Avec figures. 1 fr. 50 c.

Sur le principe de l'Énergie, par *Maurice Lévy*, membre de l'Institut. 1 fr. 50 c.

Essai d'une théorie générale des lampes à arc voltaïque, par *Guéroult*. Avec figures. 1 fr. 50 c.

Précis d'analyse qualitative. *Recherche des métalloïdes et des métaux usuels dans les mélanges de sels, les produits d'art et les substances minérales*; par *L. Babu*, Ingénieur des mines. 2 fr.

Les Étoiles filantes et les Bolides, par *Félix Hément*, Inspecteur général honoraire de l'Instruction publique. Avec 32 figures. 2 fr. 50 c.

Éléments et méta-éléments, par *William Crookes*. Traduit avec l'autorisation spéciale de l'auteur, par WILLY LEWY, *Ingénieur civil*. 1 fr.

La vie et les travaux de Henri Sainte-Claire Deville, par *Jules Gay*, Docteur ès Sciences, ancien élève de l'Ecole Normale, Professeur au lycée Louis-le-Grand. Avec portrait hors texte de Henri et Charles Sainte-Claire Deville. 2 fr. 50 c.

Manuel de l'analyse des vins, par *E. Barillot*. 3 fr. 50 c.

Les Alliages, par *C.-R. Austen*. 1 fr. 75 c.

Influence des grands centres d'action de l'atmosphère sur le temps, par *Raymond*. 1 fr. 50 c.

Fabrication des tubes sans soudure (procédé Mannesmann), par *Reuleaux*. 75 c.

Manuel pratique d'analyse bactériologique des eaux, par *Miquel*. 2 fr. 75 c.

Bulles de savon. Quatre conférences populaires sur la *Capillarité*, par *Boys*, avec 60 fig. et 1 planche. Traduit de l'anglais par CH.-EDM. GUILLAUME. 2 fr. 75 c.

Les projections scientifiques. *Étude des appareils, accessoires et manipulations diverses pour l'enseignement scientifique par les projections*, par *H. Fourtier* et *A. Molteni*. Avec 113 figures.

Broché . . . 3 fr. 50 c. | Cartonné. . . 4 fr. 50 c.

Récréations mathématiques. — Tome IV et dernier. — *Le Calendrier perpétuel. — L'Arithmétique en boules. — L'Arithmétique en bâtons. — Les Mérelles au* XIII*e siècle. — Les Carrés magiques de Fermat. — Les réseaux et les dominos. — Les régions et les quatre couleurs. — La machine à marcher*, par *Ed. Lucas*.

Prix : Papier hollande, 12 fr. — Vélin, 7 fr. 50 c.

Les Limites actuelles de notre Science. Discours présidentiel prononcé le 8 août 1894, par le Marquis *de Salisbury*, Premier Ministre d'Angleterre, devant la *British Association*, dans sa session d'Oxford. Traduit par M. W. DE FONVIELLE, avec autorisation de l'auteur. In-18 jésus; 1895. 1 fr. 50 c.

La Théorie atomique et la Théorie dualistique. *Transformation des formules. Différences essentielles entre les deux théories*, par *Lenoble*, Professeur de Chimie à l'Université libre de Lille. In-18 jésus; 1896. 2 fr.

[illegible] — Paris, Imp. Gauthier-Villars et fils, 55, quai des G[illegible]-Augustins.

BIBLIOTHÈQUE
PHOTOGRAPHIQUE.

(EXTRAIT DU CATALOGUE.)

Balagny (George), Membre de la Société française de Photographie, Docteur en droit. — *Traité de Photographie par les procédés pelliculaires*. 2 vol. grand in-8, avec figures.

On vend séparément :

TOME I : Généralités. Plaques souples. Théorie et pratique des trois développements au fer, à l'acide pyrogallique et à l'hydroquinone ; 1889. 4 fr.

TOME II : Papiers pelliculaires. Applications générales des procédés pelliculaires. Phototypie, Contretypes, Transparents ; 1890. 4 fr.

Balagny (George). — *Hydroquinone et potasse*. Nouvelle méthode de développement à l'hydroquinone pour négatifs sur glace et sur papiers pelliculaires. 2e édition, revue et augmentée. In-18 jésus ; 1895. 1 fr.

Berget (Alphonse), Docteur ès Sciences, attaché au Laboratoire des recherches de la Sorbonne. — *Photographie des Couleurs par la méthode interférentielle de* M. LIPPMANN. In-18 jésus, avec figures ; 1891. 1 fr. 50 c.

Berthier (A.). — *Manuel de Photochromie interférentielle*. Procédés de reproduction directe des couleurs. In-18 jésus, avec figures ; 1895. 2 fr. 50 c.

Cavilly (Georges de). — *Le Curé du Bénizou*. (Nouvelle inédite, avec illustrations photographiques dans le texte et 1 planche en photogravure, d'après nature, par M. MAGRON). Un volume in-4 ; 1895. 5 fr.

Chable (E.), Président du Photo-Club de Neuchâtel. — *Les Travaux de l'amateur photographe en hiver*. 2e édition, revue et augmentée. In-18 jésus, avec 46 figures ; 1892. 3 fr.

Colson (R.). — *Les Papiers photographiques au charbon*. (Enseignement supérieur de la Photographie. Cours professé à la Société française de Photographie). Gr. in-8 ; 1897. 2 fr. 75 c.

Ducos du Hauron (Alcide). — *La Triplice photographique des Couleurs et l'Imprimerie*. Système de Photochromographie LOUIS DUCOS DU HAURON. In-18 jésus ; 1897. 6 fr. 50 c.

Fabre (C.), Docteur ès Sciences. — *Traité encyclopédique de Photographie.* 4 beaux volumes gr. in-8, avec 724 figures et 2 pl.; 1889-1891. 48 fr.

Chaque volume se vend séparément 14 *fr.*

Des Suppléments, destinés à exposer les progrès accomplis, viendront compléter ce Traité et le maintenir au courant des dernières découvertes.

Premier Supplément (A). Un beau volume grand in-8 de 400 pages, avec 176 figures; 1892. 14 fr.

Les cinq volumes se vendent ensemble 60 fr.

Deuxième Supplément (B). Un beau volume grand in-8 de 400 pages, avec nombreuses figures, paraissant en 5 fascicules de 80 pages chacun, régulièrement chaque mois depuis le 15 juillet 1897.

Prix pour les souscripteurs. 10 fr.

Dès que le volume sera complet, le prix sera porté à 14 fr.

Fourtier (H.). — *La Pratique des Projections.* Étude méthodique des appareils. Les accessoires. Usages et applications diverses des projections. Conduite des séances. 2 volumes in-18 jésus, se vendant séparément.

Tome I. *Les Appareils*, avec 66 figures; 1892. 2 fr. 75 c.

Tome II. *Les Accessoires. La Séance de projections*, avec 67 figures; 1893. 2 fr. 75 c.

Fourtier (H.), Bourgeois et Bucquet. — *Le Formulaire classeur du Photo-Club de Paris.* Collection de formules sur fiches renfermées dans un élégant cartonnage et classées en trois Parties : *Phototypes, Photocopies et Photocalques, Notes et renseignements divers*, divisées chacune en plusieurs Sections. Première Série; 1891..... 4 fr. | Deuxième Série; 1894. 3 fr. 50 c.

Guillaume (Ch.-Éd.), Docteur ès Sciences, Adjoint au Bureau international des Poids et Mesures. — *Les Rayons X et la Photographie à travers les corps opaques.* 2e édition. Un volume in-8 de VIII-150 pages, avec 22 figures et 8 planches; 1897. 3 fr.

Horsley-Hinton. — *L'Art photographique dans le paysage.* Étude et pratique. Traduit de l'anglais par H. Colard. Grand in-8, avec 11 planches; 1894. 3 fr.

Klary, Artiste photographe. — *Traité pratique d'impression photographique sur papier albuminé.* In-18 jésus, avec figures; 1888. 3 fr. 50 c.

Klary. — *L'Art de retoucher en noir les épreuves positives sur papier.* 2e édition. In-18 jésus; 1891. 1 fr.

Klary. — *L'Art de retoucher les négatifs photographiques.* 4e tirage. In-18 jésus, avec figures; 1897. 2 fr.

Klary. — *Traité pratique de la peinture des épreuves photographiques*, avec les couleurs à l'aquarelle et les couleurs à l'huile, suivi de *différents procédés de peinture appliqués aux photographies.* In-18 jésus; 1888. 3 fr. 50 c.

Klary. — *L'éclairage des portraits photographiques.* Emploi d'un écran de tête, mobile et coloré. 7e édition, revue et considérablement augmentée, par Henry Gauthier-Villars. In-18 jésus, avec figures; 1893. 1 fr. 75 c.

Klary. — *Les Portraits au crayon, au fusain et au pastel obtenus au moyen des agrandissements photographiques*. In-18 jésus; 1889. 2 fr. 50 c.

Londe (A.), Chef du Service photographique à la Salpêtrière. — *La Photographie instantanée, théorie et pratique*. 3e édition, entièrement refondue. In-18 jésus, avec belles figures; 1897. 2 fr. 75 c.

Londe (A.). — *La Photographie dans les Arts, les Sciences et l'Industrie*. In-18 jésus, avec 2 spécimens; 1888. 1 fr. 50 c.

Mercier (P.), Chimiste, Lauréat de l'École supérieure de Pharmacie de Paris. — *Virages et fixages. Traité historique, théorique et pratique*. 2 volumes in-18 jésus; 1892. 5 fr.

On vend séparément :

Ire Partie : *Notice historique. Virages aux sels d'or*. 2 fr. 75 c.
IIe Partie : *Virages aux divers métaux. Fixages*. 2 fr. 75 c.

Miethe (le Dr Ad.), Membre d'honneur de la Société photographique de la Grande-Bretagne. — *Optique photographique*, sans développements mathématiques, à l'usage des photographes et des amateurs. Traduit de l'allemand par Noaillon et Hassreidter. Grand in-8, avec 72 figures; 1896. 3 fr. 50 c.

Mullin (A.), Professeur de Physique au Lycée de Grenoble, Officier de l'Instruction publique. — *Instructions pratiques pour produire des épreuves irréprochables au point de vue technique et artistique*. In-18 jés., avec 11 fig.; 1895. 2 fr. 75 c.

Niewenglowski (G.-H.). — *Le matériel de l'Amateur photographe*. Choix. Essai. Entretien. In-18 jésus; 1894. 1 fr. 75 c.

Piquepé (P.). — *Traité pratique de la Retouche des clichés photographiques*, suivi d'une *Méthode très détaillée d'émaillage* et de *Formules* et *Procédés divers*. 3e tirage. In-18 jésus, avec deux photoglypties; 1890. 4 fr. 50 c

Puyo (C.). — *Notes sur la Photographie artistique*. Texte et illustrations. Plaquette de grand luxe, in-4o raisin, contenant 11 héliogravures de Dujardin et 39 phototypogravures dans le texte; 1896. 10 fr.

Il reste quelques exemplaires numérotés sur japon avec planches également sur japon. 20 fr.

Une planche spécimen est envoyée franco sur demande.

Tissandier (Gaston). — *La Photographie en ballon*, avec une épreuve photoglyptique du cliché obtenu à 600m au-dessus de l'île Saint-Louis, à Paris. In-8, avec figures; 1886. 2 fr. 25 c.

Tranchant (L.), Rédacteur en chef de *la Photographie*. — *La Linotypie ou Art de décorer photographiquement les étoffes pour faire des écrans, des éventails, des paravents, etc., menus photographiques*. In-18 jésus; 1896. 1 fr. 25 c.

Trutat (E.), Directeur du Musée d'Histoire naturelle de Toulouse, Président de la section des Pyrénées Centrales du Club Alpin français, Président honoraire de la Société photographique de Toulouse. — *La Photographie en montagne*. In-18 jésus, avec 28 figures et 1 planche; 1894. 2 fr. 75 c.

Trutat (E.). — *Les Épreuves positives sur papiers émulsionnés.* Papiers chlorurés. Papiers bromurés. Fabrication. Tirage et développement. Virages. Formules diverses. In-18 jésus; 1896. 2 fr.

Trutat (E.). — *La Photographie appliquée à l'Archéologie;* Reproduction des *Monuments, Œuvres d'art, Mobilier, Inscriptions, Manuscrits.* In-18 jésus, avec 2 photolithographies; 1892. 1 fr. 50 c.

Trutat (E.). — *La Photographie appliquée à l'Histoire naturelle.* In-18 jésus, avec 58 belles figures et 5 planches spécimens en photocollographie, d'Anthropologie, d'Anatomie, de Conchyologie, de Botanique et de Géologie; 1892. 2 fr. 50 c.

Trutat (E.). — *Traité pratique de Photographie sur papier négatif par l'emploi de couches de gélatinobromure d'argent étendues sur papier.* In-18 jésus, avec figures et 2 planches spécimens; 1892. 1 fr. 50 c.

Trutat (E.). — *Traité pratique des agrandissements photographiques.* 2 vol. in-18 jésus, avec 112 figures. 5 fr.

On vend séparément :

Ire PARTIE : Obtention des petits clichés; avec 52 figures; 1891. 2 fr. 75 c.

IIe PARTIE : Agrandissements. 2e édition revue et augmentée; avec 60 figures; 1897. 2 fr. 75 c.

Trutat (E.). — *Impressions photographiques aux encres grasses.* Traité pratique de Photocollographie à l'usage des amateurs. In-18 jésus, avec nombreuses figures et 1 planche en photocollographie; 1892. 2 fr. 75 c.

Verfasser (Julius). — *La Phototypogravure à demi-teintes.* Manuel pratique des procédés de demi-teintes, sur zinc et sur cuivre. Traduit de l'anglais par M. E. COUSIN, Secrétaire-agent de la Société française de Photographie. In-18 jésus, avec 56 figures et 3 planches; 1895. 3 fr.

Viallanes (H.), Docteur ès Sciences et Docteur en Médecine. — *Microphotographie. La Photographie appliquée aux études d'Anatomie microscopique.* In-18 jésus, avec une planche photocollographique et figures; 1886. 2 fr.

Vidal (Léon), Officier de l'Instruction publique, Professeur à l'École nationale des Arts décoratifs. — *Photographie des Couleurs.* Sélection photographique des couleurs primaires. Son application à l'exécution de clichés et de tirages propres à la production d'images polychromes à trois couleurs. In-18 jésus, avec figures et 5 planches en couleurs; 1897. 2 fr. 75 c.

Vidal (Léon). — *Traité pratique de Photolithographie.* Photolithographie directe et par voie de transfert. Photozincographie. Photocollographie. Autographie. Photographie sur bois et sur métal à graver. Tours de main et formules diverses. In-18 jésus, avec 25 figures, 2 planches et spécimens de papiers autographiques; 1893. 6 fr. 50 c.

Vidal (Léon). — *La Photographie des débutants.* Procédé négatif et positif. 2e édition. In-18 jésus, avec fig.; 1890. 2 fr. 75 c.

5799 B. — Paris, Imp. Gauthier-Villars et fils, 55, Quai des Gr.-Augustins.

www.ingramcontent.com/pod-product-compliance
Ingram Content Group UK Ltd.
Pitfield, Milton Keynes, MK11 3LW, UK
UKHW022113190726
13855UKWH00002B/824

9 782013 402385